Wolf Richard Günzel

Das Insektenhotel

Wolf Richard Günzel

Das Insektenhotel

Naturschutz erleben

- Bauanleitungen
- Tierporträts
- Gartentipps

pala verlag

Inhalt

Mensch und Insekt – ein gespanntes Verhältnis

Noch vor wenigen Jahrzehnten wäre kaum jemand auf die Idee gekommen, für Insekten ein Hotel zu errichten und sie in seiner Nähe anzusiedeln. Man war eher darauf bedacht, sie von sich fernzuhalten oder gar zu vernichten.

Unser Verhältnis zu den Insekten ist geprägt von vielen Vorurteilen. Hat uns eine Wespe oder Biene irgendwann einmal schmerzhaft gestochen, trauen wir allem, was herumfliegt und einen Stachel besitzt, nicht mehr. Wenn eine Hornisse angeflogen kommt, springen viele von uns aus ihrem Liegestuhl im Garten. Schon das Surren der Insektenflügel erzeugt ein Gefühl, als ob ein gefährliches Geschoss im Anflug wäre, und wir atmen erleichtert auf, wenn wir den gefährlichen Ton nicht mehr hören. Die Angst vor Insekten blockiert unser Denkvermögen, und die Miniaturwelt dieser Tiere bleibt uns verschlossen, solange wir nicht bereit sind, uns mit ihrem fremden Universum etwas näher zu befassen. Die Hornisse, die auf uns zugeflogen kommt, ist nicht auf der Suche nach Menschen, die sie als solche auch gar nicht erkennt. Sie ist auf der Jagd nach einer Wespe, einer Fliege oder Bremse, also Tieren, die wir überhaupt nicht mögen. Das Wildbienenweibchen, das an unserem Kopf vorbeisurrt, hat anderes im Sinn, als uns zu stechen. Es trägt Nahrung in seine Kinderstube, in der sich, für unsere Augen nicht sichtbar, ein kleines Wunder vollzieht: die vollkommene Verwandlung von einem winzigen Ei zu einem geflügelten Insekt.

Häufig neigen wir auch dazu, Insekten zu übersehen. Sie leben in einer Welt, die in unserer Wahrnehmung keine große Rolle spielt. Deshalb wissen wir auch nur wenig über sie. Wissenschaftliche Untersuchungen bringen uns zwar grundlegende Erkenntnisse über die Lebensabläufe der Insekten, aber damit sind uns die Geheimnisse, die sich in ihrer Welt verbergen, nur annähernd bekannt. Wie (wichtig) Insekten wirklich sind, erfahren wir auch nicht allein aus entomologischen Fachbüchern. Vor allem durch die Beobachtung der Tiere erkennen wir, dass uns der Volksglaube nur etwas vorgegaukelt hat und Hornissen, Wildbienen, Ohrwürmer und andere Insekten nicht schädlich, sondern ausgesprochen nützlich und interessant sind.

Dieses Buch soll Sie zum Bau von Nisthilfen für Insekten animieren. Wildbienen oder andere rätselhafte Wesen werden die von Ihnen bereitgestellten Nisthilfen beziehen. Diese Tiere sind nicht gefährlich, aber viele von ihnen sind heute gefährdet. Ihr kurzes Leben ist kaum mehr als ein Strohfeuer. Aber in dieser Zeit vollbringen sie Dinge, die oft über unsere menschliche Vorstellungskraft hinausgehen. Sie leben in ihrem eigenen Mikrokosmos, einer Welt voller Wunder, die wir vielleicht bisher nicht wahrgenommen haben.

Warum brauchen Insekten Hotels?

Bereits vor fünfundzwanzig Jahren galten sieben Prozent der hierzulande ehemals heimischen Wildbienenarten als ausgestorben. Etwa vierzig Prozent der bei uns vorkommenden Solitärbienen und -wespen wurden damals schon als gefährdet oder akut gefährdet eingestuft.

Wildbienen – vom Aussterben bedroht

Heute ist die Rote Liste der gefährdeten Solitärbienen und -wespen noch länger geworden. Viele Arten, die vor einem Vierteljahrhundert noch häufig anzutreffen waren, mussten inzwischen darin aufgenommen werden. Diese Liste enthält freilich nur jene Wildbienenarten, von deren Gefährdung man derzeit weiß. Selbst Spezialisten müssen zugeben, dass es in dieser Hinsicht noch viele Kenntnislücken gibt. Das liegt zum großen Teil auch daran, dass Wildbienen ebenso wie viele solitär lebende Wespenarten mit ihrer überragenden Bedeutung für den Naturhaushalt erst seit kurzer Zeit ernst genommen werden. Denn obwohl sie schon seit Jahrmillionen existieren, wurde ihre Rolle als Blütenbestäuber und biologische Schädlingsbekämpfer lange unterschätzt.

Insekten haben wichtige Funktionen

Wie bei vielen anderen Tierarten liegen die Ursachen der Gefährdung in einem unzureichend gewordenen Nistplatz- und Nahrungsangebot. Fast alle Wildbienenarten brauchen Niströhren, in denen sie ihre Brutzellen aneinanderreihen können. Dazu benutzen sie zum Teil bereits vorhandene Höhlungen oder sie graben sich ihre Nistgänge selbst. Die Nester solitär lebender Bienen sind klein, die Larven entwickeln sich in verlassenen Käferfraßgängen oder Mauerwerksritzen, in hohlen Pflanzenstängeln, in den Lücken von Trockenmauern oder in winzigen Erdlöchern, welche die Bienenmutter an

Wildbienen brauchen alte Bäume und Trockenwiesen

einem Hohlweg, unter einer Hecke, am sandigen Steilufer eines Flusses, in einer Trockenwiese oder in die Lehmwand einer alten Scheune gegraben hat.

Den im Holz lebenden Bienenarten fehlen heute die Altbaumbestände, die früher auf Streuobstwiesen, in lichten Auwäldern oder Parks zu finden waren. Mit der Nutzungsintensivierung der modernen Forstwirtschaft, zu der auch die Beseitigung von abgestorbenen Baumriesen, Totholzhaufen und Baumstümpfen gehört, werden die artspezifischen Niststätten dieser Wildbienenarten zerstört. Trockenrasen, ein besonders wertvoller Lebensraum für im Boden nistende Solitärbienen und Hummeln, ist heute kaum noch zu finden. Brombeer- und Himbeergebüsch oder Wildstaudenfluren wurden ausgerottet und dadurch den in Stängeln nistenden Bienenarten die Nistplätze entzogen.

Sandgruben, Felsfluren, Bauerngärten und Lehmwerkgefache sind Lebensräume für Wildbienen

An den glatt verputzten Fassaden moderner Häuser finden Mauerbienen keine Fugen und Nischen mehr für ihre Nester. Gern genutzte Nistplätze wie die Stützmauern in Weinbergen wurden durch den ständigen Einsatz von Spritzmitteln für Wildbienen unbewohnbar gemacht. Lehmwerkgefache, mit Ried und Stroh gedeckte Häuser, alte Holzschuppen, freie Sand- und Kiesflächen, Abbruchkanten an Hohlwegen, Trockenmauern, Kies- und Lehmgruben oder Felsfluren, übliche Lebensräume von Wildbienen, sind ebenso rar geworden wie alte Bauerngärten mit duftenden Kräutern und Blumen, Gemüsebeeten und Obstbäumen, in denen die Insekten Nahrung und Brutstätten fanden.

Rote Mauerbienen bauen ihre Brutzellen häufig in hohlen Pflanzenstängeln

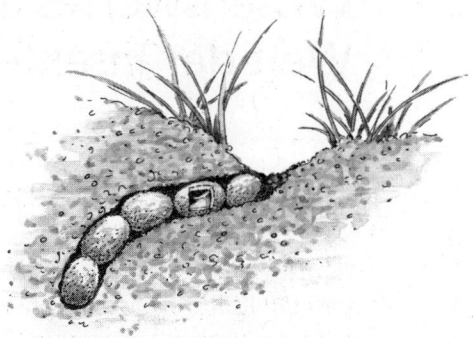

Wollbienen sammeln Pflanzenfasern von Salbei, Königskerze oder Quitte, mit denen sie ihre Brutzellen in Erdlöchern oder Mauerwerksritzen bauen

Und letztlich ist auch unsere moderne Landwirtschaft aus der Sicht von Wildbienen eine einzige Katastrophe. Kleinere, extensiv genutzte Agrarflächen sind heute fast vollständig verschwunden. Stattdessen blickt man auf riesige Felder, auf denen man durch den Einsatz moderner Maschinen, chemische Unkraut- und Schädlingsbekämpfung und erntemaximierende Düngung Höchsterträge erzielt. Obstbäume und Hecken, die sonst am Feldrand wuchsen, wurden abgeholzt und farbenprächtige Wildblumen wie Margerite, Kornblume, Klatschmohn, Kornrade oder Ackerwachtelweizen sieht man nicht mehr.

Die moderne Landwirtschaft ist aus Sicht der Wildbienen eine einzige Katastrophe

Man kann nun diesen Zustand weiter beklagen, akzeptieren muss man ihn nicht, denn auch im Kleinen lässt sich Vieles für die Verbesserung der Lebenssituation von Wildbienen tun. Die Tiere im eigenen Garten und am Haus anzusiedeln, ist eigentlich ziemlich einfach und sogar möglich, wenn man nur einen Balkon besitzt.

Wissenswertes aus der Welt der Insekten

Fleißige Blütenbestäuber

Honigbienen sammeln unermüdlich Pollen und Nektar

Viele Menschen gehen von der Annahme aus, dass nur Honigbienen und Hummeln für die Bestäubung unserer Kulturpflanzen zuständig sind. Beim Blütenbesuch sehen wir, wie sie Nektar mit ihrem Rüssel saugen und der Blütenstaub an den feinen Körperhaaren hängen bleibt. Scheinbar spielerisch leicht und doch zielstrebig werden dann die Pollenkörnchen zusammengebürstet, sorgfältig in einem Körbchen an den Hinterbeinen verstaut und per Flug zum Nest transportiert. Honigbienen und Hummeln sind deshalb so beliebt, weil sie unermüdlich fleißig und im Allgemeinen friedlich sind.

Wesentlich argwöhnischer betrachten wir die anderen seltsamen Pflanzenbesucher, die über wackelige Blütenblätter balancieren oder einen Kopfstand in den Blütenkelchen machen, um Nektar zu saugen. Aufgrund ihrer Ähnlichkeit mit Honigbienen oder Wespen wissen wir nicht, was wir von ihnen halten sollen, denn schließlich gibt es »stichhaltige« Beweise dafür, dass man Wespen nicht über den Weg trauen kann.

Allein in Deutschland gibt es über fünfhundert Wildbienenarten

Zum großen Teil handelt es sich bei den unbekannten Blütenbesuchern aber um wild lebende Verwandte der Honigbiene, auf deren Mithilfe bei der Blütenbestäubung die Honigbienen und mit ihnen das gesamte Ökosystem dringend angewiesen sind. Wildbienen kommen allein in Deutschland mit über fünfhundert Arten vor, doch trotz ihrer Nützlichkeit, Artenvielfalt und interessanten Lebensweise ist das Wissen über diese Tiere nicht sehr verbreitet. So ist vielfach nicht bekannt, dass es sich auch bei den beliebten und allseits bekannten Hummeln um Wildbienen handelt. Bei ihren Bestäubungsdiensten haben viele Wildbienen eine zweckhafte Bindung an bestimmte Blütenpflanzen entwickelt, ohne sie gäbe es manche Blume nicht und mancher Obstbaum würde keine Früchte tragen.

Andere Blütenbesucher und -bestäuber, die uns mit ihrer gelbschwarzen Hinterleibszeichnung irritieren, sind Schwebfliegen aus der Gruppe der Zweiflügler, während Bienen und Wespen zur großen Ordnung der Hautflügler gehören. Schwebfliegen machen so viele Flügelschläge, dass man ihre Flügel nicht mehr erkennen kann. Sie »stehen« oft regelrecht über den Blüten, können rasant nach oben und unten sowie auch rückwärts fliegen. Schwebfliegen sind völlig harmlos. Sie besitzen keinen Stachel und gaukeln uns ihre Gefährlichkeit nur vor.

Auch Schwebfliegen, Grab-, Schlupf- und Faltenwespen bestäuben Blüten

Daneben sehen wir Grab-, Schlupf- und Faltenwespen, die ebenfalls an der Bestäubung der Blüten beteiligt sind. In erster Linie aber handelt es sich bei diesen Wespen um Raubinsekten. Ähnlich wie der Hornisse, einer Wespe im Großformat, begegnen wir auch allen anderen Wespen mit einer gewissen Skepsis. Bei einer etwas differenzierteren Betrachtungsweise werden wir aber feststellen, dass die Hornisse eigentlich nicht gefährlich, sondern gefährdet ist, und sich auch die anderen Wespenarten friedlich verhalten, solange man sie in Ruhe lässt.

Erwachsene Wespen ernähren sich von Baumsäften, Früchten, Honigtau und Nektar

Die meisten Wespen führen eine solitäre Lebensweise, bilden also keine Staaten, und müssen sich und ihren Nachwuchs alleine durchs Leben bringen. Erwachsene Tiere ernähren sich hauptsächlich von Baumsäften, Früchten, Honigtau und Blütennektar. Ihr Nachwuchs aber braucht Frischfleisch, und das wird ihnen in allen möglichen Variationen serviert. Wespenmütter transportieren oft Futter-

Wespen machen Jagd auf Pflanzenschädlinge und Plagegeister wie Stubenfliegen

tiere, die so groß und schwer sind wie sie selbst, in ihre Behausungen. Manches Beutetier wird durch einen Stich gelähmt und steht dann der geschlüpften Larve als Lebendkonserve zur Verfügung. Andere Beute wird noch am Fangort von Kopf und Flügeln befreit, zerkleinert und dann als durchgekaute Feinkost an den Nachwuchs verfüttert. Unter den Futtertieren befinden sich zum großen Teil solche, die uns unangenehm sind, wie Fleisch- und Stubenfliegen.

Wir sollten uns also mit den Wespen arrangieren. Sie spielen im Naturhaushalt die unverzichtbare Rolle von Regulatoren. Ohne ihre nützlichen Dienste könnten wir uns vermutlich vor Pflanzenschädlingen und Plagegeistern nicht mehr retten.

Bienen und Blüten

Bienen sind die bekanntesten und wichtigsten Bestäubungsinsekten

Bienen sind unsere bekanntesten und wichtigsten Bestäubungsinsekten. Sie sind ungewöhnlich ausdauernd und arbeiten regelrecht ökonomisch, denn sie brauchen große Nektar- und Pollenmengen zur Aufzucht ihrer Larven.

Blüten sind schön und verbreiten einen betörenden Duft, der Bienen und andere Insekten verführt und zur Bestäubung anlockt. Die wichtigsten Fortpflanzungsorgane von Pflanzen, die auf die Bestäubung von Insekten angewiesen sind, befinden sich im Zentrum der Pflanzen: die männlichen Staubblätter, die den Pollen produzieren, und die weiblichen Organe mit dem Fruchtknoten und der Narbe.

Bei der Bestäubung gelangen die Pollen auf die Narbe und breiten sich dann im Fruchtknoten aus, bis sie die tiefer liegenden Samenanlagen erreichen. Eine Zelle des Pollens befruchtet dort eine Eizelle. Es entsteht ein Samenkorn und schließlich eine neue Pflanzengeneration. Am Grund der Blüte befindet

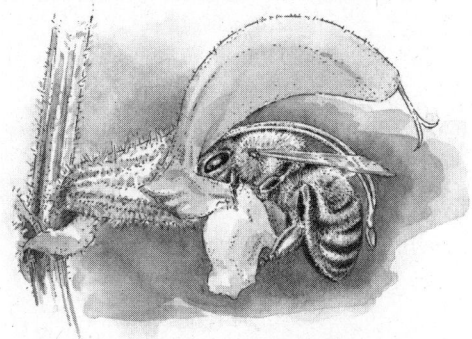

Ohne die Bestäubungsdienste von Bienen und anderen Insekten
würde ein Großteil der Blütenpflanzen verschwinden

sich Nektar, eine duftende, zuckersüße, bei Schmetterlingen, Bienen und anderen Insekten begehrte Flüssigkeit. Während die Tiere aus der Nektarquelle trinken, streifen sie über die Staubblätter. Der Pollenstaub bleibt an den Körperhaaren der Insekten hängen und diese transportieren ihn automatisch auf die Narbe der nächsten Blüte. In vielen Fällen ist dieser Pakt zwischen Insekt und Pflanze so eng, dass der eine Partner ohne den anderen nicht existieren kann.

Ohne die Bestäubungsdienste von Bienen und anderen Insekten würden achtzig Prozent unserer Blütenpflanzen von der Erde verschwinden. Sie könnten sich nicht mehr vermehren, keine Früchte und Samen ausbilden. Nur selten machen wir uns bewusst, dass auch die meisten unserer Nutzpflanzen von Insekten bestäubt werden müssen, bevor wir auf eine Ernte hoffen können.

Viele unserer Nutzpflanzen müssen für eine reiche Ernte von Insekten bestäubt werden

Ernte von Nektar und Pollen

Welche Blütenpflanzen Bienen als Nektarquellen nutzen, hängt weitgehend von der Rüssellänge der Insekten ab.

Honigbiene

Apis mellifera

Angesichts ihrer verblüffenden Fähigkeiten, zu denen neben dem Produzieren von Honig und Wachs auch eine eigene Sprache gehört, ist es eigentlich nicht verwunderlich, dass die Honigbiene zum Sympathietier der Menschen und gleichzeitig zum einzigen Haustier unter den Insekten wurde.

Honigbienen leben in perfekt funktionierenden Sozialstaaten, wo tausende Bienen zum Wohle der Gemeinschaft wirken. Jedem Einzeltier schreibt die Natur vor, was es zu tun hat, und auch die Königin solch eines Bienenstaates ist keine Monarchin im menschlichen Sinne, sondern eine Dienerin: Ihr Dasein erhält seine Legitimation einzig und allein durch den Dienst des Eierlegens. Aus den Eiern entwickeln sich Larven, die von Arbeiterinnen gefüttert werden. Die Larven verpuppen sich, und aus der Puppe schlüpft schließlich eine junge Honigbiene. Die Jungbiene ist zunächst als Putzbiene im Innendienst beschäftigt. Sie säubert die Zellen und sorgt für Ordnung, indem sie tote Artgenossen aus dem Stock wirft oder auch solche, die keine Funktion mehr haben oder im Verhalten abweichen. Danach wird sie »Babysitterin«, denn in ihrem Kropf haben sich besondere Futtersaftdrüsen entwickelt, und sie kann jetzt die Larven füttern. Später sind ihre Wachsdrüsen funktionsfähig geworden. Mit den Wachsplättchen, die sie ausscheidet, repariert die Biene nun beschädigte Zellen oder erstellt neue Waben. Sie ist Baubiene geworden. Stellen die Wachsdrüsen ihre Tätigkeit ein, wird die Baubiene zur Wächterbiene. Sie kontrolliert vor dem Flugloch die heimkehrenden Flugbienen und prüft ihre Volkszugehörigkeit. Wer nicht den volkseigenen Geruch aufweist, wird abgewiesen oder sogar abgestochen. Danach wechselt die Biene zum letzten Mal den »Beruf«. Sie wird Trachtbiene und trägt bis an ihr Lebensende unermüdlich Pollen, Nektar und Honigtau für die Ernährung ihres Volkes in den Bau.

Arten mit kurzen, einen bis drei Millimeter langen Rüsseln, beispielsweise Seiden- oder Maskenbienen, bevorzugen Pflanzen, die ihre Nektarquellen recht freigiebig anbieten wie Doldengewächse, Kreuzblütler oder Hahnenfußgewächse.

Der Körperbau ist perfekt auf den Speiseplan abgestimmt

Für Sandbienen oder Sägehornbienen mit etwas längeren Rüsseln erweitert sich das Nahrungsspektrum um Pflanzenarten, deren Nektar schon schwieriger zu erreichen ist, beispielsweise Rosengewächse oder bestimmte Rachenblütler.

Mauerbienen oder Blattschneiderbienen mit einer Rüssellänge von vier bis sieben Millimetern befliegen zusätzlich Lippen-, Schmetterlings- oder Rachenblütler, bei denen der Weg zum Nektar noch weiter ist.

Langhornbienen oder Pelzbienen mit einer Rüssellänge von sieben bis neun Millimetern findet man schließlich auch an sogenannten Hummelblumen, bei denen die Nektardrüsen am Grund von langen, engen Blütenschläuchen liegen.

Wie perfekt Bienen mit den raffinierten Mechanismen zurechtkommen, die Blüten entwickelt haben, um sich (exklusiv) von ihnen bestäuben zu lassen, wird am Beispiel des Salbeis auf besonders eindrucksvolle Weise deutlich. Die Salbeiblüte verfügt über einen präzisen Hebelmechanismus, den Schmetterlinge mit ihren feinen Haarrüsseln nicht auslösen können. Um an die Nektarquelle zu gelangen, müssten sie erst einmal die am unteren Ende beweglich aufgehängten Staubblätter beiseite schieben, was ihnen mit ihrem »schwachen« Rüssel nicht gelingt. Das ist sinnvoll, weil die Schmetterlinge mit ihren sehr langen Rüsseln den Nektar saugen könnten, ohne die Blüte zu bestäuben. Für Bienen oder Hummeln mit ihren kräftigeren Rüsseln ist das Aufhebeln kein Problem, und die Salbeiblüte hat vorgesorgt, damit ihre Besucher genügend Pollen mit

Das Zusammenspiel von Biene und Blüte zeigt sich eindrucksvoll am Salbei

Die besondere Anordnung ihrer Körperhaare sichert Bienen den erfolgreichen Transport der gesammelten Pollen

nach draußen nehmen. Denn sobald die Biene ein Stück weit in die Blüte hineingekrochen ist, den Hebelmechanismus ausgelöst hat und Nektar saugt, senken sich zwei lange Staubblätter über ihren behaarten Körper und pudern ihn mit Pollen ein. Gelb vom Blütenstaub besucht die Biene dann eine andere Salbeiblüte und es gelangen einige Pollenkörner auf deren Narbe. Damit hat die Pflanze ihr Ziel erreicht. Die Biene selbst aber hätte nichts davon, wenn sie nicht imstande wäre, die Pollen, die ihr am Körper, an Beinen und Fühlern haften, zusammenzufegen, festzuhalten und als Futter zu ihrem Nest zu transportieren.

Die Rüssellänge ist der eine entscheidende Faktor beim Blütenbesuch. Die Beschaffenheit der Körperhaare ist der andere.

Die urtümlichen, entwicklungsgeschichtlich sehr alten Maskenbienen, die keine besonderen Sammeleinrichtungen besitzen, mit denen sie Blütenstaub in größeren Mengen transportieren können, verschlucken Nektar und Pollen an der Sammelstelle, bringen diesen Nahrungsbrei im Kropf zum Nistplatz und würgen ihn dort wieder hervor.

Die »modernen« Bienen haben »Transportmittel«, die aus einer besonderen Haaranordnung an einem Körperteil bestehen. Sie werden als Kämme, Bürsten, Pollenschieber oder Sammelkörbchen benutzt.

Die »Beinsammler« unter den Bienen transportieren gesammelten Blütenstaub an ihren Hinterbeinen

Die »Beinsammler«, zu denen die meisten der Pollen sammelnden Bienenarten gehören, bürsten zunächst mit ihren Beinhaaren den auf ihrem Körper verstreuten Blütenstaub zusammen und streifen ihn in »Pollenspeichern« an den Hinterbeinen ab. Manche »Beinsammlerarten« wie Furchen- oder Seidenbienen bringen die Pollenernte »trocken« ein. Hummeln, Sägehornbienen oder Honigbienen befeuchten den gesammelten Pollen dagegen immer wieder mit Nektar, damit er sich besser transportieren lässt.

Das Sammeln von Nektar, dem Ausgangsstoff für den späteren Honig, ist für die Honigbiene eine mühsame Angelegenheit. Sie muss 1.500 Kleeblüten besuchen, um ihren winzigen Honigmagen zu füllen, ein besonderes Organ, das sich im Laufe der Evolution entwickelt hat. Zwischen ihm und dem Mitteldarm befindet sich ein Ringmuskel, der den Übertritt des Nektars in den Verdauungsgang der Sammlerin verhindert. Es wird gerade so viel durchgelassen, wie die Biene für ihre Ernährung benötigt. Die Hauptmenge wird im heimatlichen Stock als Winterfutter eingelagert.

> Um ihren winzigen Honigmagen zu füllen, muss eine Honigbiene 1.500 Kleeblüten besuchen

Bei den Pollen sammelnden Bienenarten finden wir schließlich noch die kleinere Gruppe der »Bauchsammler« mit einer besonders entwickelten Sammelbürste an der Unterseite. Zu dieser Gruppe zählen weniger als 100 Arten. Die Bürste besteht aus steifen, leicht nach hinten gerichteten Haaren, zwischen denen sich beim Hin- und Herbewegen über den Staubgefäßen beachtliche Pollenmengen sammeln, die dann zum Nest transportiert und mit den Hinterbeinen abgekehrt werden.

> »Bauchsammler« nutzen eine Bauchbürste an ihrer Unterseite zum Sammeln von Pollen

Sozialverhalten, Lebenszyklen und Geschlechterrollen

Honigbienen

Zu einem Honigbienenvolk gehören ein voll fortpflanzungsfähiges Weibchen, die Königin, unfruchtbare weibliche Arbeitsbienen und im Frühjahr und Sommer auftretende männliche Bienen, die Drohnen.

Die Königin ist allein fürs Eierlegen zuständig und legt im Laufe eines Jahres 100.000 bis 150.000 Eier

Allein die Art des Futters entscheidet, ob aus einer Bienenlarve eine Königin wird

in sechseckig geformten Brutzellen, den Waben, ab. Aus den Eiern in den Waben entstehen Arbeiterinnen, Königinnen und Drohnen. Drohnen entwickeln sich aus unbefruchteten Eiern, Königinnen und Arbeiterinnen aus befruchteten Eiern. Entscheidend für die Entwicklung einer Larve zu einer Königin oder einer Arbeiterin ist allein die Art der Fütterung. Während der ersten drei Tage nach dem Schlüpfen werden alle Bienenlarven mit einem besonderen »Königinnenfutter« versorgt. Nach drei Tagen wird denjenigen Larven, aus denen Arbeiterinnen mit verkümmerten Eierstöcken werden, dieses »Gelée royale« entzogen, und sie werden auf Normalkost gesetzt. Nur die künftigen Königinnen bekommen weiterhin dieses Futter. Die Entwicklung vom Ei bis zum fertigen Insekt dauert bei einer Königin sechzehn Tage, bei einer Arbeiterin drei Wochen und bei einem Drohn ebenfalls drei Wochen.

Eine Arbeitsbiene übernimmt mehrere aufeinanderfolgende Aufgaben im Bienenstaat

Eine Arbeitsbiene übernimmt mehrere aufeinanderfolgende Aufgaben im Bienenstaat (siehe auch Seite 16). Vom ersten bis etwa zum zehnten Lebenstag ist sie als Stockbiene für die Reinigung freigewordener Zellen zuständig. Die nächsten zehn Tage betätigt sie sich als Brutamme, avanciert dann zur Baubiene und repariert beschädigte Waben oder legt neue Waben an. In ihrem letzten Lebensabschnitt ist sie als Sammlerin tätig und stirbt dann, vier bis sechs Wochen nachdem sie aus ihrer Zelle geschlüpft ist, an Altersschwäche.

Überwinternde Arbeitsbienen werden sechs bis acht Monate alt

Die überwinternden Bienen erreichen dagegen ein Alter von sechs bis acht Monaten. Sie ziehen sich zu Beginn der kalten Jahreszeit in die Mitte des Stockes zurück und drängen sich dort zu einem dichten Klumpen zusammen. Sie halten aber keinen Winterschlaf, sondern wärmen sich in dieser sogenannten Wintertraube gegenseitig durch kollektives Muskelzittern und wechseln ständig die Plätze von innen nach außen. Zwischendurch ernähren sie sich von ihren eingetragenen Vorräten.

Etwa eine Woche bevor im Frühsommer die Jungköniginnen schlüpfen, verlassen die alte Königin und etwa die Hälfte des Bienenvolkes den Stock, um in eine neue Behausung umzuziehen. Schon kurz nach dem Ausflug lässt sich der Bienenschwarm auf einem Ast oder Zweig nieder und wartet auf zuvor ausgeflogene Kundschafterinnen, die sich bereits auf Wohnungssuche befinden. Sobald diese ein geeignetes Quartier gefunden haben, zieht der gesamte Schwarm um. Da eine Königin vier oder fünf Jahre alt werden kann, steht ihr die Prozedur eines Umzuges gegebenenfalls fünfmal im Leben bevor.

Eine Bienenkönigin zieht bis zu fünfmal in ihrem Leben um

Nachdem die erste Jungkönigin im alten Stock geschlüpft ist, räumt sie Rivalinnen, weitere Königinnen, die noch in ihren Waben verharren, aus dem Weg; sie werden in der Regel erstochen. Manchmal verlässt auch eine der Jungköniginnen – sofern sie nicht erstochen wird – mit einem Teil der im Stock verbliebenen Tiere im sogenannten Nachschwarm das Muttervolk und sucht sich eine neue Behausung.

Nachdem sie sich ihrer Rivalinnen entledigt hat, lässt sich die Jungkönigin von Arbeiterinnen noch eine Weile umsorgen und füttern und begibt sich anschließend auf den Hochzeitsflug. Dieser führt sie zu einem weit entfernten Platz, wo sich Drohnen aus der gesamten Umgebung versammelt haben. Die Paarung erfolgt im Flug und der Drohn, der beim Werben um die Gunst der Königin erfolgreich war, muss es mit dem Leben bezahlen, denn sein gesamter Geschlechtsapparat wird ihm nach dem Paarungsakt aus dem Körper herausgezogen. Die übrigen Drohnen haben keine Funktion mehr im Bienenvolk. Da sie nicht imstande sind, sich

Die Paarung von Bienenkönigin und Drohn erfolgt im Flug

Der Drohn muss die Gunst der Bienenkönigin mit dem Leben bezahlen

21

Nach ihrem Hochzeitsflug bleibt die Bienenkönigin bis zum nächsten Frühjahr im Stock

selbst zu ernähren und von Arbeiterinnen gefüttert werden müssen, werden sie nur noch eine Weile geduldet. Danach werden sie getötet oder aus dem Stock geworfen und verhungern nach wenigen Tagen. Nach dem Hochzeitsflug zieht sich die Königin zum Eierlegen in ihren Stock zurück und verlässt ihn erst wieder im folgenden Frühjahr, bevor neue Jungköniginnen schlüpfen.

Hummeln, Wespen und Hornissen

Während die Völker der Honigbiene über viele Jahre hinweg bestehen können, existieren die Staaten der Hummeln und der sozialen Faltenwespen wie der Hornisse oder der Deutschen Wespe nur für jeweils einen Sommer.

Hummel-, Wespen- und Hornissenstaaten existieren nur einen Sommer lang

In einem Hummelvolk gibt es eine Königin, Arbeiterinnen und Drohnen, welche die gleichen Aufgaben erfüllen wie die Königinnen, Arbeiterinnen und Drohnen bei den Honigbienen.

Ein im Herbst begattetes Weibchen, das als Einziges ihrer Art den Winter in einem Bodenversteck überdauert hat – durch eine vermehrte Produktion von Glycerol, das als Frostschutzmittel wirkt, ist es dort selbst vor tieferen Minusgraden geschützt –, gründet im Frühjahr einen neuen Staat. Es formt in einem geschützten trockenen Hohlraum, der sich über oder im Erdreich befinden kann, eine Nestkugel aus vorgefundenen oder gesammelten Materialien wie Grashalmen oder Moos. Ähnlich wie die Arbeiterinnen der Honigbienen ist die Hummelkönigin zur Produktion von Wachs befähigt, das sie an den Bauchplatten ihres Hinterleibes ausscheidet. Aus diesem Material baut sie einen ersten Honigtopf und füllt ihn mit Honignektar, der als Futterreserve für kalte oder regnerische Wetterperioden dient. Danach errichtet sie ebenfalls aus Wachs eine sogenannte »Eiwiege«, die sie mit Pollen und etwa

Eine einzige überwinternde Hummel gründet den neuen Staat

zehn Eiern versieht und mit einer luftdurchlässigen Wachshaube verschließt.

Nach drei bis fünf Tagen schlüpfen in der »Eiwiege« die Larven, sie ernähren sich von den vorgefundenen Pollen und wachsen in dieser Gemeinschaftszelle heran. Nach und nach vergrößert die Königin die »Eiwiege«, indem sie seitlich neue Wachstaschen anbaut und diese mit Pollen und Eiern versieht. Am Ende ihres Larvendaseins spinnen die Larven unabhängig voneinander eigene Seidenkokons, in denen sie sich verpuppen.

Hummellarven entwickeln sich in Seidenkokons zu erwachsenen Tieren

Etwa drei Wochen nach der Nestgründung sind die ersten Nachkommen der Königin herangewachsen. Es sind unfruchtbare Weibchen, deutlich kleiner als die Königin, die von nun an alle Arbeiten in der Hummelkolonie übernehmen. Sie erweitern das Nest, betätigen sich als Brutammen und beschaffen Nektar und Pollen, sodass sich die Königin schließlich ganz dem Eierlegen widmen kann.

Auf dem Höhepunkt der Ausdehnung, bei dem ein Hummelstaat je nach Art aus fünfzig bis sechshundert Tieren bestehen kann, entwickeln sich auch voll fortpflanzungsfähige Weibchen und aus unbefruchteten Eiern männliche Hummeln. Diese Tiere sorgen für die Arterhaltung. Die Weibchen, künftige Königinnen, paaren sich mit den Männchen, überwintern in Erdverstecken und gründen im nächsten Frühjahr jeweils einen neuen Staat. Die Altkönigin, die Arbeiterinnen und die Männchen gehen im Herbst zugrunde.

Ein Hummelstaat kann je nach Art aus fünfzig bis sechshundert Tieren bestehen

Solitäre Wildbienen

Der Lebenszyklus einer Wildbiene soll am Leben der Roten Mauerbiene *(Osmia bicornis)* dargestellt werden.

Bei der Roten Mauerbiene überwintern Männchen und Weibchen als fertige Insekten im Inneren

23

Die Männchen der Roten Mauerbiene müssen zwei Wochen lang auf ihre Partnerinnen warten

von schützenden Kokons, in denen sie sich zuvor von der Puppe zum Fluginsekt entwickelt haben. In der Flugzeit im nächsten Jahr – ab Ende März bis in den Juni hinein – verlassen dann zunächst die Männchen ihre Kokonhüllen und warten auf die Weibchen, die etwa zwei Wochen später erscheinen.

Nach der Paarung haben die etwas kleineren Männchen ihre biologische Aufgabe erfüllt. Anders als die Drohnen der Honigbienen sind sie aber in der Lage sich selbst zu ernähren und befliegen Blüten, um Nektar zu saugen, bevor sie im Laufe des Sommers irgendwann sterben.

Das begattete Weibchen sucht nach einem geeigneten Hohlraum, in dem es sein Liniennest anlegen kann (siehe auch Seite 38). Nicht selten wird auch eine Bruthöhle der vorherigen Generation benutzt und von den Resten der alten Brutzellen gereinigt. An der hinteren Innenwand des Nistraumes muss die Biene gegebenenfalls zunächst eine

Aus Lehm und Speichel errichtet die Rote Mauerbiene ein Liniennest in Hohlräumen aller Art

Rückwand aus Lehm und Speichel errichten, bevor sie mit dem Bau der ersten Brutzelle, für die sie das gleiche Material verwendet, beginnt. Um sie von der Nachbarzelle, die sie als nächste anlegen wird, abzugrenzen, errichtet sie eine kleine Schwelle. Dann beginnt sie Nektar und Pollen in die Zelle einzutragen. Sobald die Zelle etwa zur Hälfte mit dieser Larvennahrung gefüllt ist, legt die Biene ein Ei auf die Füllung und verschließt die Zelle mit einer kleinen Lehmportion. Danach errichtet die Biene nacheinander Brutzellen, bis nach einigen Tagen ein Liniennest mit etwa zehn separaten Eikammern entstanden ist.

Durch die Eiablage von zunächst befruchteten und anschließend unbefruchteten Eiern – die Befruchtung erfolgt bei der Eiablage aus einem Samenbläschen, das den bei der Paarung von der männlichen Biene gelieferten Samen enthält – sorgt die Bienenmutter dafür, dass im hinteren Teil der Brutröhre die Zellen für die Weibchen, im vorderen Teil die Zellen für die Männchen liegen. Aus unbefruchteten Eiern entwickeln sich Männchen, aus befruchteten dagegen Weibchen. Diese Voraussicht der Bienenmutter ist notwendig, da die Männchen im nächsten Frühjahr vor den Weibchen ihre Kokons verlassen werden.

Aus unbefruchteten Eiern entwickeln sich Männchen, aus befruchteten Eiern Weibchen

Etwa zehn Tage nach der Eiablage schlüpfen die Larven in ihren Zellen und ernähren sich zwei bis drei Wochen lang von dem vorgefundenen Nektar-Pollen-Gemisch. In dieser Zeit häuten sich die Larven mehrmals und beginnen dann Kokons zu spinnen, in denen sie sich verpuppen werden. Im Spätsommer ist der Entwicklungszyklus der Roten Mauerbiene abgeschlossen. Männchen und Weibchen der neuen Generation liegen als fertige Insekten in ihren Kokonhüllen, die sie vor der Winterkälte schützen (siehe auch Seite 38).

Zehn Tage nach der Eiablage schlüpfen die Larven der Roten Mauerbiene

Wie gefährlich sind Wildbienen und Co.?

Bienen und Wespen – bewaffnet, aber friedfertig

Generell besitzen die Weibchen der Stechimmen, zu denen die meisten der sowohl einzeln als auch in Staaten lebenden Wespen und Bienen gehören, einen Giftstachel am Hinterleib, der mit einer Giftdrüse in Verbindung steht.

Für viele einzeln lebende Wespenarten dient dieser Giftstachel zum Beutefang. Sie lähmen ihre Opfer durch einen Stich ins Nervensystem und tragen die Beute dann in ihre Nester. Ihr Stachel ist aber zu

Solitäre Wespen und Wildbienen haben schwache Stechorgane – menschliche Haut können sie nicht durchdringen

In Staaten lebende Bienen, Wespen, Hummeln und Hornissen verhalten sich in Nestnähe unruhiger als ihre solitär lebenden Verwandten

Auch Hummeln können stechen

schwach, um die menschliche Haut zu durchdringen. Das gilt auch für die meisten solitären, also einzeln lebenden Bienenarten. Dagegen sind vielen Menschen die recht schmerzhaften Stiche der sozialen, in Staaten lebenden Wespen und Bienen wohlbekannt.

Stechimmen sind von Natur aus nicht angriffslustig. Sie werden nur dann gefährlich, wenn sie eine Bedrohung für ihre Brutstätte oder das eigene Leben sehen. Grundsätzlich verhalten sich dabei die Staaten bildenden Arten wie Honigbienen, die bekannte Gewöhnliche Wespe, Hummeln oder Hornissen am Nest angriffslustiger als einzeln lebende Wespen oder Bienen. Deshalb kann man sich den Niststätten solitärer Wespen und Bienen auch ohne Bedenken nähern. Man kann sie aus kurzer Distanz betrachten, ohne dass die Gefahr besteht, gestochen zu werden. Im Gegensatz zu den in Staaten lebenden Arten haben solitäre Bienen und Wespen auch keine gemeinsamen Angriffsstrategien entwickelt. Selbst wenn viele von ihnen den gleichen Nistplatz besiedeln, würden sie sich nie im Pulk auf einen Angreifer stürzen.

Bezüglich der »Stechlust« gibt es aber auch bei den sozialen Arten Unterschiede. Hummeln gelten allgemein als friedfertig, und das sind sie auch. Ihre »Gutmütigkeit« hat bei vielen Menschen sogar zur Annahme geführt, dass sie überhaupt nicht stechen können. Sie können es, tun es aber höchst selten. Die Honigbiene wird nur stechen, wenn sie ihren Stock oder sich selbst akut bedroht sieht. Sie kann ihren Giftstachel nur einmal im Leben einsetzen, denn er besitzt einen Widerhaken, der in der Haut des Opfers hängen bleibt, wodurch der Stachel mitsamt der Giftblase aus dem Hinterleib der Biene gerissen wird. An dieser Verletzung stirbt die Biene; sie verblutet.

Auch von den sozialen Wespenarten wie der bekannten Gewöhnlichen Wespe gehen für Menschen keine unmittelbaren Gefahren aus. Wenn man ihre Nester aus einem Abstand von drei oder vier Metern betrachtet und sie ansonsten in Ruhe lässt, hat man von ihnen nichts zu befürchten.

An drückend schwülen Sommertagen sind aber einzelne Exemplare der Honigbiene und der kleineren sozialen Wespenarten scheinbar unberechenbar und stechen zuweilen ohne ersichtlichen Grund, sodass man ihren Nestern dann am besten nicht zu nahe kommt.

Honigbienen stechen Menschen nur dann, wenn sie ihren Stock oder sich selbst bedroht sehen

Hornissenstiche – schmerzhaft, aber ungefährlich

Die Hornisse interessiert sich so gut wie gar nicht für Menschen. Im Gegensatz zu ihrer Verwandten, der Gewöhnlichen Wespe, verschmäht sie das Marmeladenbrötchen beim Frühstück auf der Terrasse und will eigentlich nur in Ruhe gelassen werden.

Hornissen interessieren sich weder für Menschen noch für deren süßes Frühstück

Schon vor langer Zeit hat irgendjemand aber den Unsinn in die Welt gesetzt, sieben Hornissenstiche könnten ein Pferd töten und drei oder vier einen Menschen. Die Hornissen waren fortan einer gnadenlosen Verfolgung durch den Menschen ausgeliefert. Als ihre Bestände immer weiter zurückgingen, wurden sie 1984 in die Rote Liste aufgenommen, seit 1987 gehören sie in Deutschland laut Bundesartenschutzverordnung zu den besonders geschützten Tierarten. Trotzdem wollen viele Menschen die von Natur aus friedfertige und nützliche Hornisse nur widerwillig in ihrer Nähe akzeptieren. Durch die von Generation zu Generation weitergegebenen Vorurteile kommt es auch heute noch vor, dass eine hilfreiche Feuerwehr in einem Dorf ausrückt, um die »Horrortiere«, die in einem Dachstuhl nisten, auszurotten.

Seit 1984 steht die Hornisse auf der Roten Liste

Hornissenstiche sind nicht gefährlicher als die Stiche der Honigbienen

Die Gifte der einzelnen Stechimmen-Arten sind einander sehr ähnlich, auch die Giftmenge, welche die einzelnen Arten beim Stich verspritzen, ist fast identisch. Deshalb ist ein Hornissenstich für einen gesunden Menschen im Prinzip nicht gefährlicher als der Stich einer Honigbiene. Hornissengift ist sogar weniger giftig als das Gift der Honigbiene. Zoologen berichten von jungen Ratten, die sechzig Hornissenstiche ohne erkennbaren Schaden überlebten. Umgerechnet wären so tausend Hornissenstiche auf einmal nötig, um einen siebzig Kilogramm schweren Menschen ernsthaft zu gefährden. Nach massiver Provokation fliegt maximal ein Viertel der Bewohner eines Nestes aus, bei einem großen Hornissennest von bis zu achthundert Bewohnern also höchstens zweihundert Tiere, von denen nur wenige wirklich stechen werden.

Für Menschen, die auf Insektenstiche allergisch reagieren, kann allerdings schon ein einziger Bienen- oder Wespenstich gefährlich werden. In solchen Fällen, wie auch bei Stichen im Mund und Rachenraum, braucht man sofortige ärztliche Hilfe.

Hornissen sind nicht gefährlich, sondern gefährdet

Bauprojekte – Nisthilfen für Insekten

Insektenhotels

Ein Insektenhotel ist kein Urlaubsparadies, denn anders als dieses bietet es seinen Bewohnern oft den einzig annehmbaren Lebensraum weit und breit.

Wildbienen zieht es in Gärten, wo sie im Sommer ausreichende Nektar- und Pollenquellen finden und wo es Unterschlupf- und Brutgelegenheiten für sie gibt. Mit etwas Fantasie und Geschick kann jeder solche Unterschlupf- und Bruthilfen bauen. Wohnungen für Wildbienen können Schilfrohrbündel, markhaltige Pflanzenstängel, mit Löchern versehene Hartholzblöcke, Abschnitte von Bambusröhren, Lochziegel, ein Baumstumpf mit alten Käferfraßgängen, ein mit Kaninchendraht zusammengehaltenes Graspaket und vieles andere sein (siehe ab Seite 36). Bringt man die einzelnen Elemente in einem überdachten Holzkasten unter, den man durch Zwischenbretter unterteilt, wird aus dem Holzverschlag ein komfortables, mehrstöckiges Insektenhotel.

Sobald das Insektenhotel fertig ist, werden bald schon die ersten »Zimmer« darin bezogen sein. Wir erleben treu sorgende Mütter, die ihre Kinderstuben einrichten und trotz der Vielzahl von Bruträhren immer wieder die eigenen Haustüren erkennen, und arbeitsscheue Verwandte, die in fremde Wohnungen eindringen, sich dort über den Stand der Bauarbeiten informieren und ihre Eier schließlich in »gemachte Betten« legen. Wir können Streitigkeiten um die Besitzrechte von Wohnungen beobachten, Umzüge, Eingangskontrollen und Rauswür-

Aus Schilf, Pflanzenstängeln und Bambus lassen sich leicht Nisthilfen für Wildbienen basteln

Ein Insektenhotel gewährt faszinierende Einblicke in das Leben von Insekten

fe, wenn ein Eindringling nicht die richtige Duftmarke vorzuweisen hat. Wir erleben Schwertransporte beim Beschaffen von Nahrungsvorräten und Diebstähle aus Vorratskammern. Das Insektenhotel gewährt eine Fülle von Einsichten in das faszinierende Leben von Wildbienen sowie einiger solitärer Wespenarten. Manche Vorurteile, die wir den Insekten gegenüber hatten, werden wir als unbegründet erleben. Stiche brauchen wir kaum zu befürchten, denn Wildbienen und andere Bewohner eines Insektenhotels sind nicht angriffslustig, sondern nützliche und höchst spannende Insekten.

Beim Beobachten von Insekten kann man viel lernen

Rahmen und Gefache

Ein Insektenhotel können Sie selbst bauen, und vielleicht finden auch Ihre Kinder Spaß daran und helfen dabei (siehe Bauanleitungen Seite 32 bis 34).

Ausfüllen der Gefache – einige Beispiele für viele Möglichkeiten

Wie wir die einzelnen Insektenquartiere gestalten und im Holzkasten unterbringen, bleibt unserer Fantasie überlassen. Achten Sie dabei bitte auf Vielfalt. Einsiedlerbienen und -wespen sind in der Regel hoch spezialisiert und beziehen nur Wohnungen, die ihren jeweiligen Ansprüchen entsprechen. Umbauten im Insektenhotel sind später möglich. Man sollte mit diesen Arbeiten aber bis zum Frühjahr warten, wenn die Überwinterungsgäste ihre Quartiere verlassen haben und neue Bewohner noch nicht eingezogen sind.

Den spezialisierten Ansprüchen von Solitärinsekten entspricht möglichst unterschiedliches Füllmaterial

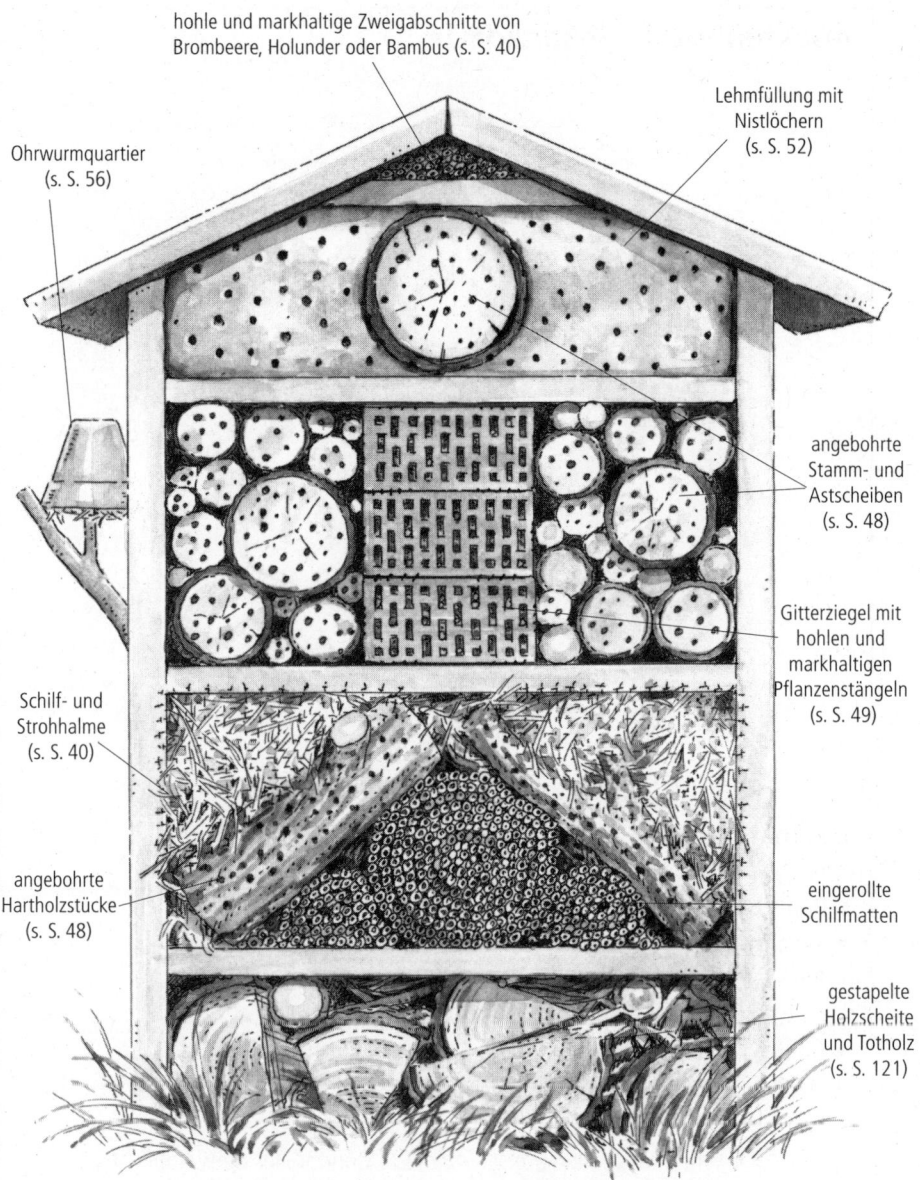

hohle und markhaltige Zweigabschnitte von Brombeere, Holunder oder Bambus (s. S. 40)

Lehmfüllung mit Nistlöchern (s. S. 52)

Ohrwurmquartier (s. S. 56)

angebohrte Stamm- und Astscheiben (s. S. 48)

Gitterziegel mit hohlen und markhaltigen Pflanzenstängeln (s. S. 49)

Schilf- und Strohhalme (s. S. 40)

angebohrte Hartholzstücke (s. S. 48)

eingerollte Schilfmatten

gestapelte Holzscheite und Totholz (s. S. 121)

Gefüllt mit verschiedenen Materialien wird das Insektenhotel zum attraktiven Blickfang

Insektenhotel mit Spitzdach

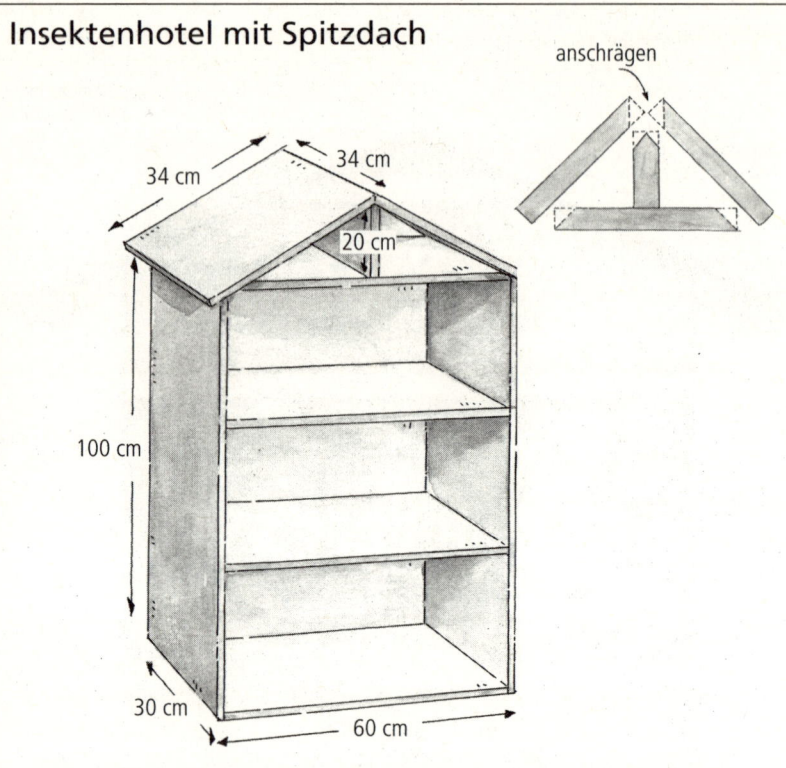

Baumaterial

- Dachplatten: 2 Bretter, jeweils 34 cm × 34 cm, 2 cm stark
- Bodenplatte: 1 Brett 56 cm × 30 cm, 2 cm stark
- Seitenwände: 2 Bretter, jeweils 100 cm × 30 cm, 2 cm stark
- Rückwand: 2 Bretter, jeweils 120 cm × 60 cm, 2 cm stark, eine Länge auf 100 cm abgeschrägt (siehe Bauplan)
- Gefache: 3 Bretter, jeweils 56 cm × 30 cm, 2 cm stark
- Firstbrett: 1 Brett 30 cm × 20 cm, 2 cm stark
- Dachabdeckung: Dachpappe etwa 80 cm × 44 cm; ein Stück Schilfmatte, Birkenreiser, halbierte Rundhölzer oder Ähnliches
- Nägel oder Schrauben zum Zusammenbau der Holzteile
- Nägel zum Befestigen der Dachpappe

Werkzeug

Sie brauchen kein spezielles Werkzeug, mit dem Sie komplizierte Steck-systeme aus Brettern herausarbeiten. Sie brauchen nur eine ordentliche Handsäge, einen Hammer oder Schraubenzieher, eine Holzraspel und einen Bogen grobes Sandpapier, also Werkzeug, das man fast in jedem Haushalt findet.

Holz

Verwenden Sie unbehandelte Bretter aus Kiefern-, Fichten- oder Tannen-holz.

Für den Rahmen, die Gefache und die Rückwand brauchen Sie 2 cm starke und 30 cm breite Bretter. Die Bretter für das Dach sind ebenfalls 2 cm dick, haben aber eine Breite von 34 cm. Eine exakte Auflistung der benötigten Materialien finden Sie auf Seite 32 oder 34.

Wählen Sie als Bauvorlage entweder das schmale Modell mit Spitzdach oder das breite Modell mit Flachdach (siehe Seite 34).

Bauanleitung

- Glätten Sie die Schnittkanten der einzelnen Bauteile mit Sandpapier.
- Dann nageln Sie die Seitenbretter und das Bodenbrett zusammen (am besten bitten Sie ein Familienmitglied um Mithilfe, das Ihnen die Bretter hält).
- Um das wackelige Gestell etwas zu stabilisieren, nageln Sie jetzt das obere Querbrett an, danach die Rückwand.
- Die Rückwand setzen Sie aus den drei (beim Modell mit Flachdach) beziehungsweise den zwei (beim Modell mit Spitzdach) dafür bestimm-ten Brettern zusammen. Jetzt kann der Kasten nicht mehr zusammen-klappen und Sie können die Restarbeiten in Ruhe angehen.
- Beim Insektenhotel mit Spitzdach müssen Sie die Kanten der Dach-bretter, an denen diese zusammengesetzt werden, die obere Kante des Firstbrettes und die oberen Kanten der Seitenwände mit der Raspel entsprechend der Dachneigung noch etwas anschrägen, bevor diese Bretter angenagelt werden. Anstelle von Nägeln können Sie natürlich auch Holzschrauben verwenden.
- Zum Dachdecken bieten sich Dachpappe, ein Stück Schilfmatte, Birkenreiser, halbierte Rundhölzer oder Ähnliches an.

Insektenhotel mit Flachdach

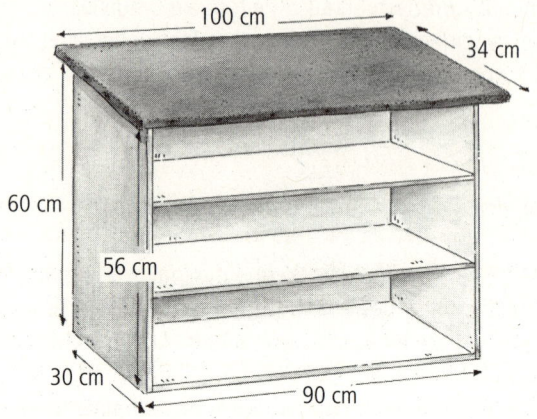

Baumaterial

- Dachplatte: 1 Brett 100 cm × 34 cm, 2 cm stark
- Bodenplatte: 1 Brett 86 cm × 30 cm, 2 cm stark
- Seitenwände: 2 Bretter, jeweils 60 cm × 30 cm, 2 cm stark, eine Länge auf 56 cm abgeschrägt (siehe Bauplan)
- Rückwand: 3 Bretter, jeweils 60 cm × 30 cm, 2 cm stark
- Gefache: 2 Bretter, jeweils 86 cm × 30 cm, 2 cm stark
- Dachabdeckung: Dachpappe etwa 110 cm × 44 cm; ein Stück Schilfmatte, Birkenreiser, halbierte Rundhölzer oder Ähnliches
- Nägel oder Schrauben zum Zusammenbau der Holzteile
- Nägel zum Befestigen der Dachpappe

Standort und Wartung

Der fertige Kasten wird dann ganz nach den individuellen Vorstellungen an einer geschützten Stelle im Garten, auf der Terrasse oder dem Balkon untergebracht. Sie können ihn beispielsweise auf eine Reihe von Ziegeln stellen oder an einer Hauswand anbringen. Die Öffnungen der Nisthilfen sollten möglichst in südöstliche bis südwestliche Richtung zeigen. Das Insektenhotel braucht aber vor allem einen sonnigen, trockenen, warmen und windgeschützten Platz. Spätestens Ende Februar, Anfang März sollte es bezugsfertig sein.

Im Folgenden einige Ideen für die Füllung Ihres Insektenhotels: Ausführlichere Vorschläge und genaue Beschreibungen für unterschiedliche Füllelemente finden Sie ab Seite 36.

○ **Niststeine** oder **Hartholzblöcke** kann man beim Befüllen der Fächer einfach aufeinanderstapeln.

○ **Schilf- oder Strohhalme** muss man gegebenenfalls bündeln, in eine beidseitig offene Konservendose stecken oder durch einen separaten Holzrahmen zusammenhalten. Sehr dekorativ sehen diese Halmbündel aus, wenn man sie in einem alten **Tonrohr** oder unter **halbrunden, alten Dachfirstziegeln** unterbringt.

Vielfältige Füllelemente machen das Insektenhotel zur Herberge für verschiedene Insekten

○ Zum Ausfüllen der Gefache eignen sich ebenso **eingerollte Schilfmatten** oder durchbohrte Hartholzstücke. Sie sind Nisthilfen für Blattschneider-, Masken- oder Mauerbienen.

○ Niststeine oder **Strangfalzziegel** dienen als Wohnungen für Wollbienen, Mauerbienen oder solitäre Wespenarten.

○ **Totholzstücke** mit alten Käferfraßgängen, Spalten, Rissen oder Astlöchern ergeben Quartiere für Holzbienen, Pelzbienen oder Blattschneiderbienen.

○ Trockene **Zweigabschnitte** von Holunder, Brombeere oder Himbeere eignen sich für die Bewohner markhaltiger Stängel.

○ Ein sehr dekoratives Element im Insektenhotel sind **aufgestapelte Holzscheite,** die Spaltenverstecke für vielerlei Insekten bieten und Faltenwespen als Baumaterial zum Abnagen dienen.

○ Ein **Tonblumentopf** kann mit einem Gemisch aus angefeuchtetem Ton, Strohhäcksel oder Holzwolle gefüllt werden. Die Tonmasse im Blumentopf lässt man einige Tage im Schatten trocknen. In den halbtrockenen oder schon trockenen Ton werden dann einige Löcher mit einem Durchmesser von drei bis zehn Millimetern gebohrt beziehungsweise mit einem Bleistift oder Nagel gedrückt. So entsteht eine Steilwand im Kleinstformat für Masken- oder Seidenbienen.

○ Die Löcher in **Hohlblocksteinen** sind meist zu groß, um von solitären Bienen und Wespen besiedelt zu werden. Man schafft geeignete Niststätten, indem man die Löcher mit Lehm zuschmiert. In einige der zugeschmierten Löcher bohrt man geeignete Einschlupflöcher mit einem Durchmesser von drei bis zehn Millimetern, andere lässt man ohne Einschlupflöcher. Seidenbienen oder Lehmwespen können sich dort ihre Bruträhren selbst graben oder den herausgekratzten Lehm als Baumaterial verwenden.

Das sind nur einige Vorschläge. Mit Fantasie und Spaß am Basteln werden Sie rasch eigene Ideen entwickeln und die einzelnen Elemente im Insektenhotel nach Ihren Vorstellungen gestalten.

Einfache Nisthilfen für Wildbienen

Weltweit gibt es etwa dreißigtausend Wildbienenarten. Davon sind über fünfhundert Arten in Mitteleuropa heimisch, die von Insektenkundlern in sieben Familien und eine Vielzahl von Gattungen sowie in einige Unterfamilien unterteilt werden.

Die große Mehrzahl der Wildbienenarten kennt keinerlei soziale Bindungen und lebt solitär. Ein einzelnes Weibchen baut die Brutkammern und trägt Pollen und Nektar ein. Die Mischung aus Pollen und Nektar dient den Larven später als Nahrung. Dann legt das Weibchen Eier ab und überlässt deren Entwicklung dem Selbstlauf der Natur.

Zwischen sozialer und solitärer Lebensweise gibt es viele Nebenformen. Einige Furchenbienenarten

Weltweit gibt es etwa dreißigtausend Wildbienenarten

bauen zwar gemeinsam ein Nest, aber jedes der Weibchen sorgt nur für seine eigenen Nachkommen. Bei anderen Arten wird bereits eine Vorstufe zu sozialer Lebensweise erkennbar. Die Weibchen betreiben nicht nur Brutfürsorge, sondern auch Brutpflege. Sie bewachen also das Nest, füttern die Larven und erleben das Schlüpfen ihrer Nachkommen. Die nächste Stufe zu einfachen sozialen Lebensformen wird dort sichtbar, wo mehrere Weibchen einer Generation eine gemeinsame Nestanlage nutzen, und die Nachkommen bei ihren Müttern bleiben und diesen beim Ausbau des Nestes oder der Versorgung des weiteren Nachwuchses behilflich sind. Daneben gibt es auch Bienenarten, die völlig auf den eigenen Nestbau verzichten. Ihnen fehlen auch die nötigen Einrichtungen zum Sammeln und Transportieren von Pollen. Diese sogenannten Kuckucksbienen dringen unbemerkt in die Behausungen anderer Bienen ein und legen ihre Eier in deren Brutzellen ab.

Zwischen solitärer und sozialer Lebensweise gibt es viele Nebenformen

Kuckucksbienen legen ihre Eier in gemachte Betten

Solitär, also einzeln lebende Bienen brauchen spezielle Lebensräume, in denen sie ihre ober- oder unterirdischen Nestanlagen errichten können.

Grundsätzlich wählen sie für ihre Brutstätten sonnenbeschienene Orte mit guter Durchlüftung. Die Sonnenwärme und Luftzirkulation bewirken, dass der Bau nach einem Regenguss schnell wieder abtrocknet. Das ist wichtig, weil bei Dauerfeuchtigkeit das Eigelege oder der eingetragene Pollenvorrat verpilzen würde. Neben diesem allgemein vorhandenen Grundbedürfnis nach Wärme und Trockenheit stellen die einzelnen Wildbienenarten aber ganz unterschiedliche, erblich festgelegte Ansprüche an ihre Brutstätten, die sich grob in zwei Varianten unterteilen lassen.

Die Brutstätte einer Wildbiene muss warm und trocken sein

Weibchen der Ur- und Seidenbienen graben Niströhren in Sand- und Lehmböden und legen darin

Rote Mauerbiene

Osmia bicornis

Mauerbienen (Gattung Osmia*) kommen in Deutschland mit knapp vierzig Arten vor. Die meisten haben einen dichten Haarpelz und sind dunkel gefärbt, es gibt aber auch metallisch glänzende Färbungen. Mauerbienen haben recht unterschiedliche Nistweisen. Einige Arten bauen ihre Nester kolonieweise im Boden, andere kleben sie frei an Felsen oder Hausfassaden, wieder andere errichten ihre Brutstätten ausschließlich in leeren Schneckenhäusern.*

Rote Mauerbienen schlüpfen im Herbst und verlassen dann im März oder April ihre Winterverstecke. Unter den rivalisierenden Männchen kommt es in dieser Zeit zu regelrechten Kämpfen um die begehrten Weibchen, die kurz nach der Paarung einen geeigneten Nistplatz suchen.

Bei ihrer Suche sind die Weibchen nicht wählerisch. Hohlräume im Mauerwerk oder zwischen Dachziegeln, Risse in Holzbalken, Ritzen im Verputz oder gar ein Türschloss an einem alten Schuppen können zur »Kinderstube« werden. Falls die Bruthöhle hinten offen ist, baut das Weibchen zunächst eine Rückwand. Davor entsteht die erste Brutkammer. Als Baumaterial dient Lehm, der mit Speichel vermischt und wie Mörtel verarbeitet wird. Ist die Brutzelle fertig, wird sie etwa zur Hälfte mit Nektar und Pollen gefüllt.

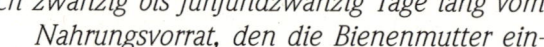

Dann legt das Weibchen ein Ei und verschließt die Zelle mit Lehmbrei. In der gleichen Art wird dann eine Brutzelle vor die andere gebaut. Etwa zehn Tage nach der Eiablage schlüpfen die Larven und ernähren

sich zwanzig bis fünfundzwanzig Tage lang vom Nahrungsvorrat, den die Bienenmutter eingetragen hat. In dieser Zeit häuten sich die Larven mehrmals und spinnen sich schließlich in feste, dunkelbraun werdende Kokons ein, die jeweils die ganze Zelle auskleiden. Im Kokon findet dann die Verpuppung oder »Innere Metamorphose« statt, das heißt, der Larvenkörper verwandelt sich langsam in eine Biene. Gegen Ende des Sommers ist diese voll-

kommene Verwandlung abgeschlossen. Die fertigen Fluginsekten liegen in ihren Kokons und verbringen dort auch den Winter.

Trachtpflanzen: Die Rote Mauerbiene ist nicht wählerisch. Fast alle Blütenpflanzen, die ihr genügend Nektar und Pollen bieten, werden genutzt. Im Frühjahr beispielsweise hält sie sich an Apfelblüten, Veilchen, Lungenkraut oder Weidenkätzchen.

Nisthilfen: Bündel mit Holunderzweigen, durchlöcherte Holz- und Tonblöcke, Wände aus Lehm und Stroh, Bambusabschnitte, Gitterziegel.

ihre Brutzellen an, die sie mit einem schnell härtenden Sekret aus einer Hinterleibsdrüse auskleiden. Diese wasserabweisende Substanz sorgt im Inneren der Zelle für eine konstante Luftfeuchtigkeit, die verhindert, dass das Eigelege verschimmelt oder verpilzt. Außerdem gewährleistet sie, dass das Nest auch bei starken Regengüssen nicht überschwemmt und zerstört wird.

Dagegen verwenden Mauer-, Mörtel- und Blattschneiderbienen beim Bau ihrer Nester keine reinen körpereigenen Sekrete, sondern verschiedene Naturmaterialien wie Sand, Steinchen, Lehm, Pflanzenmark, Tierhaare, Fasern von Pflanzenstängeln oder zerkleinerte Blattstückchen. Zum Teil werden diese Baustoffe auch miteinander vermischt, durchgekaut und durch die Zugabe von Speichel oder

> Ur- und Seidenbienen kleiden ihre Brutzellen mit wasserabweisenden Körpersekreten aus

Leere Schneckenhäuschen schützen die Nachkommen der Zweifarbigen Mauerbiene

Kein Vogel kann die steinharten Brutzellen der
Mörtelbiene (siehe auch Seite 53) zertrümmern

Nektar in formbaren Mörtel verwandelt. Die meisten Arten dieser Gruppe graben selbst keine Nistgänge, sondern suchen bereits vorhandene Höhlungen in Pflanzenstängeln, in Schilf- und Strohdächern, in Mauerfugen, Felsspalten und leeren Schneckenhäuschen oder sie beziehen verlassene Fraßgänge anderer Insekten in morschen Zaunpfählen, abgestorbenen Bäumen oder Wurzeln.

Nester in Pflanzenstängeln, Mauerfugen, leeren Schnecken-häuschen und Türschlössern

Besonders interessante Formen des Nestbaues finden wir schließlich bei Bienenarten, die ihre Bauten oberirdisch an Mauern, Steinen oder Bäumen errichten.

Zu diesen Bienenarten gehört die Harzbiene (siehe Seite 41).

Hohle Pflanzenstängel

Geeignetes Baumaterial
Für diese sehr einfache Form einer Nisthilfe benötigen wir Bambusröhrchen, Schilfstängel, Gras- und Strohhalme oder Abschnitte von Sträuchern mit hohlen oder markhaltigen Zweigen. Es bestehen also hinsichtlich der Auswahl keine großen Ansprüche an das Baumaterial, doch muss man es in der Regel erst einmal besorgen. Vieles davon findet man aber im eigenen oder in Nachbars Garten, wenn man sich etwas genauer umschaut.

Bambus, Holunder, Brombeere, Himbeere, Heckenrose oder Sommerflieder liefern beim Frühjahrsschnitt Niströhrchen für eine Insektenwohnung. Ideale Brutröhrchen sind aber vor allem die etwas dickeren Zweigabschnitte von Forsythie oder dem Pfeifenstrauch (Falscher Jasmin, *Philadelphus coronarius)*, in denen die Hohlräume meist schon so weit ausgebildet sind, dass man auf eine weitere Aushöhlung verzichten kann.

Ideale Brutröhrchen liefern Forsythie und Pfeifenstrauch

Harzbiene

Anthidium strigatum

Die Harzbiene sammelt Harz von Kiefern oder anderen Nadelbäumen. Damit errichtet sie glockenförmige Brutzellen an Pflanzenstängeln, Baumstämmen oder Felsen und unternimmt während ihrer Bautätigkeit immer wieder Versorgungsflüge, um die Brutzellen mit einem Pollen-Nektar-Gemisch zu füllen. Da sich die Biene beim Abladen der Pollenfracht in der engen Brutzelle nicht drehen kann, kriecht sie zunächst mit dem Kopf voran in die Höhle und streift den Pollen von den vorderen Körperteilen ab. Dann kommt sie kurz heraus und verschwindet nun mit dem Hinterteil voran in der Kinderstube, um die Hauptfracht an Pollen, die sich an ihrer Bauchbürste gesammelt hat, abzuladen.

Neben den Versorgungsflügen baut die Biene weiter an der Brutzelle und fügt dem gesammelten Harz, das als Baumaterial dient, hin und wieder winzige Rindenstückchen bei, um ihr Bauwerk zu tarnen. Schließlich nimmt die Brutzelle mehr und mehr die Form einer Flasche an, mit einer nach oben hin verjüngten Öffnung, aus der die Biene schließlich nur noch mit ihrem Hinterteil herausragt, wenn sie kopfüber hineinkriecht. Auf den Vorrat an Larvennahrung legt die Bienenmutter schließlich ein Ei und beginnt dann mit der filigranen Endarbeit: Damit die Bienenlarve atmen kann, formt die Bienenmutter die Brutzelle am Ende wie einen Flaschenhals mit einer kleinen Öffnung.

Trachtpflanzen: **vor allem Hornklee, aber auch Berg-Sandglöckchen oder Gewöhnliches Leinkraut.**

41

Maßarbeit an Rosenblättern leistet die Blattschneiderbiene (siehe auch Seite 131)
für die Verschalung ihrer Brutzellen in hohlen Pflanzenstängeln

Schließlich sollte man sich bei der Materialsammlung auch die Sumpfpflanzen, die fast in jedem Frühjahr am Gartenteich abgeschnitten werden müssen, einmal genauer betrachten. Arten wie Pampasgras, Schilf oder Buschrohr haben hohle Stängel und liefern reichlich Baumaterial für unser Vorhaben.

Zurechtschneiden und Trocknen

Hohle Pflanzenstängel sollten einseitig von einem Knoten verschlossen sein

Die gesammelten Pflanzenröhrchen werden zunächst von Blättern und Seitentrieben befreit und dann mit einer scharfen Gartenschere in Stücke von mindestens zehn Zentimeter Länge geschnitten. Beim Zurechtschneiden sollte man darauf achten, dass der Stängel am hinteren Ende einen Knoten aufweist, also verschlossen ist, während der gesamte vordere Teil für den späteren Nestbau zugänglich bleibt.

Die Abschnitte lässt man anschließend längere Zeit trocknen und schaut dann nach, ob die Hohlräume im Inneren durchgängig sind. Gegebenenfalls muss man Mark oder Trennwände noch mit einem Draht oder einer Stricknadel herausstochern oder man verwendet einen Bohrer mit einem entsprechend kleinen Durchmesser und klopft am Ende das Bohrmehl heraus. Die Stängel brauchen innen nicht gänzlich frei von Pflanzenmark zu sein, kleinere Reste transportieren die Bienen später selbst hinaus, oder sie verwenden das Pflanzenmark als Baumaterial.

Markreste in Pflanzenstängeln räumen viele Bienen selbst aus

Verwendung

Die Niströhrchen kann man jetzt auf ganz unterschiedliche Weise verwenden. Hier sind der Fantasie keine Grenzen gesetzt.

Die einfachste Form einer Nisthilfe für Wildbienen kann schon darin bestehen, dass man mehrere Röhrchen mit Gärtnerdraht oder einer Kordel bündelt und dann an einen sonnigen Platz, beispielsweise auf eine Balkonbrüstung oder ein Fenstersims, legt.

Die einfachste Nisthilfe benötigt neben Pflanzenstängeln nur Gärtnerdraht oder Kordel

Wenn man ältere, schwach gebrannte Lochziegel zur Verfügung hat, kann man die stabilen Röhrchen aus Bambus- oder Forsythienzweigen einfach in die Löcher stecken.

Gebündelte Schilf- oder Strohhalme lassen sich in einer nach beiden Seiten offenen Konservendose unterbringen oder in einem dreieckigen, vorne offenen Holzgehäuse, das man aus drei Rahmenbrettern und einer Rückwand zusammennagelt. Das Holzgehäuse kann auch die Form eines Vogelnistkastens haben, der vorne offen ist und mit einem spitzen oder flachen Regendach versehen wird. Das Dach lässt sich dann noch weiter verschönern und für Wildbienen zusätzlich interessant gestalten, wenn man es mit einer Stroh- oder Reetmatte bedeckt.

Konservendose und Holzrahmen schützen Pflanzenstängel vor Regen

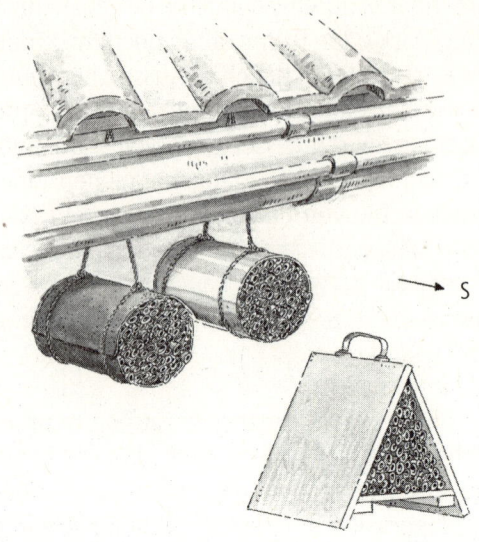

Unkomplizierte Nisthilfen sind unter Dach und Fach gebündelte Pflanzenröhrchen

Alle Holzkästen, in denen man die Niströhrchen unterbringt, sollten eine Rückwand haben, an die man gegebenenfalls auch eine Aufhängemöglichkeit anbringen kann. Als Aufhänger eignen sich beispielsweise Lochbleche, die an die Rückwand genagelt werden. Die Niströhrchen werden dann so im Kasten untergebracht, dass sie eng nebeneinanderliegen, sich aber nicht gegenseitig eindrücken. Die Vorderseite der Behausung kann man mit »Kaninchendraht« bespannen. Die Halme können so nicht herausfallen. Gleichzeitig wird verhindert, dass hungrige Vögel sie herausziehen und die Bienenbrut im Inneren verspeisen. Wenn man kein Drahtgeflecht verwenden will, lassen sich die Halmbündel im Holzrahmen auch mit einer kleinen Portion Lehmbrei oder sogar mit etwas Fliesenkleber an der Rückwand fixieren. Das Haftmaterial wird mit ei-

Kaninchendraht verhindert, dass hungrige Vögel die Bienenbrut fressen

ner Spachtel an der Rückwand aufgetragen. Dann schiebt man die Röhrchen ein. Die fertigen Nisthilfen brauchen schließlich noch eine geeignete Aufhängung (ein zurechtgebogener stabiler Draht oder eine Blechlasche). Dann werden sie an Balkongeländern, Mauern oder Pfosten in sonniger, wind- und regengeschützter Lage angebracht, die Öffnungen der Niströhren sollten dabei nach Süden sehen.

Die Bienen müssen freien Zugang zu ihrer neuen Wohnung haben. Hängt man die Nisthilfe an einem Baum auf, sollte sie nicht von Ästen oder Blattwerk verdeckt sein oder im Wind hin und her schaukeln. Die Nisthilfen sollten spätestens Anfang März bezugsfertig sein.

Nisthilfen sollten unverdeckt hängen und nicht hin und her schaukeln

Belegte, verschlossene Pflanzenstängel dürfen nicht geöffnet oder im Winter mit der Absicht sie zu säubern ausgekratzt werden. Das würde die darin überwinternden Bienen töten. Viele Wildbienen können die Reste alter Nester selbst ausräumen und die Pflanzenstängel wieder belegen: Die Nisthilfen müssen also nicht ausgetauscht oder gesäubert werden. Stark verwitterte, nicht belegte Nisthilfen kann man gegebenenfalls auswechseln.

Markhaltige Pflanzenstängel

Einige Wildbienenarten wie die Gewöhnliche Blattschneiderbiene *(Megachile versicolor)* können das Mark in Pflanzenstängeln auch selbst ausräumen. Da ihre Gelege in den Pflanzenstängeln überwintern und die Nachkommen erst im kommenden Frühjahr schlüpfen, hilft man diesen Arten schon damit, dass man abgeblühte Stauden im Garten den Winter über stehen lässt. Zu Beginn der neuen Gartensaison, wenn die Gartenschere zur Hand genommen wird, gibt es dann genügend Material, das sich als Nisthilfe für die Bewohner markhaltiger Stängel verwenden lässt.

In Markstängeln von Brombeere oder Fingerhut überwintert der Nachwuchs einiger Bienen

Im Staudengarten sind es die vertrockneten Stängel von Disteln, Königskerzen oder Fingerhüten. Im Wildsträuchergarten die abgeschnittenen Zweige von Holunder, Forsythie, Brombeere, Himbeere oder Heckenrose. Am Gartenteich die markhaltigen oder hohlen Stängel von Binsen, Gilbweiderich, Rohrkolben oder Teichschachtelhalm.

Man befreit die Stängel von Blättern und Seitentrieben und schneidet sie in Stücke von etwa einem Meter Länge. Etwa zehn oder fünfzehn solcher Stängel werden dann gebündelt und in leichter Schräglage, damit Regenwasser abfließen kann, an einem sonnigen Platz an Zäunen, Pergolen, Balkongeländern oder Bäumen angebracht. Anfang März sollten die Nisthilfen bezugsfertig sein.

Die weicheren Stängel von Fingerhut, Königskerze und Ähnlichem muss man gegebenenfalls nach zwei oder drei Jahren im Frühjahr austauschen.

Die Qual der Wohnungswahl stellt sich Wildbienen bei einer beidseitig geöffneten Konservendose mit Bambusröhrchen

Maskenbiene

Hyleaus communis

Die Maskenbiene gehört zu den Urbienen (Unterfamilie Colletidae, Gattung Hylaeus). Die meisten Vertreter dieser Unterfamilie besitzen keine speziellen Organe zum Sammeln von Pollen. Nektar und Pollen werden verschluckt und im Kropf transportiert. In Mitteleuropa kommen etwa vierzig Arten vor.

Die kleine Maskenbiene (fünf bis sieben Millimeter Körperlänge) hat wie alle Arten der Gattung Hylaeus *einen sehr kurzen Rüssel und besucht deshalb Blütenpflanzen, die ihr Nahrung offen anbieten.*

Als Nistplatz können alle möglichen Ritzen und Röhren im Mauerwerk oder in Lehmwänden dienen. Verlassene Käferbehausungen werden ebenso akzeptiert wie hohle Pflanzenstängel. Der Brutort muss aber so gelegen sein, dass er auch bei Regen trocken bleibt. Die Maskenbiene errichtet Liniennester mit hintereinander angeordneten Brutzellen, wobei sie ein Drüsensekret als Baumaterial nutzt. Das Sekret erhärtet schnell und bildet dann zwischen den Brutzellen hauchdünne, durchscheinende Trennwände. Der Nesteingang wird schließlich mit einer etwas größeren Portion des Drüsensekrets verschlossen.

Trachtpflanzen: *Maskenbienen besuchen viele Blütenpflanzen im Garten: Rosengewächse, Gewöhnliche Kratzdistel, Himbeere, Brombeere, Wilde Möhre.*

Nisthilfen: *Nisthölzer, Niststeine, markhaltige Pflanzenstängel, Wände aus Lehm und Stroh, Lehmziegelmauern, Trockenmauern.*

Nisthölzer

Viele Wildbienenarten legen ihre Eier in kleine Gänge in Holz. Da sie diese Nistlöcher aber nicht selbst bohren können, beziehen sie die verlassenen Wohngänge bestimmter Käferarten. Solche Nistgelegenheiten kann man Wildbienen auf recht einfache Weise zur Verfügung stellen.

Mit Bohrmaschine und verschiedenen Holzbohrern wird ein Holzklotz zur Nisthilfe

Wir brauchen dazu abgetrocknete Baumscheiben oder Holzklötze, die wenigstens die Größe eines Ziegelsteines haben, eine Bohrmaschine und möglichst mehrere Holzbohrer mit unterschiedlichen Durchmessern von zwei bis zehn Millimetern. Geeignete Holzarten sind Eiche, Buche, Esche, Akazie, Birke, Apfelbaum oder Ahorn. Das Holz von Nadelbäumen eignet sich weniger, weil es ziemlich weich und grobfaserig ist und dadurch die Bohrlöcher bei feuchter Witterung schnell zuquellen.

Hartes feinfaseriges Holz von Eiche, Buche und Birke eignet sich am besten

In die Baumscheiben oder Holzklötze werden mit der ganzen Bohrerlänge parallele Löcher gebohrt und zwar so, dass zwischen den Löchern ein Zwischenraum von etwa zwei Zentimetern bleibt und das Holz nicht reißt. Da wir Holzbohrer mit verschiedenen Durchmessern verwenden, können sich Maskenbienen, Mauerbienen, Blattschneiderbienen, Löcherbienen oder andere Hautflügler dann das jeweils passende Loch als Wohnung aussuchen.

Ebenso wie die Halmbündel (siehe Seite 43) kann man die Nisthölzer jetzt an einer sonnigen, regen- und windgeschützten Stelle unter einem Dachvorsprung auf der Terrasse oder dem Balkon, an Bäumen, Mauern, Gartenhäuschen oder Ähnlichem mit den Öffnungen in südöstlicher Richtung aufhängen. Oder man bringt sie in Kombination mit anderen Nisthilfen in einem Holzkasten unter (siehe Seite 30). Über einem oder mehreren miteinander kombinierten Holzklötzen oder Baumscheiben lässt sich auch ein rustikales Dach aus Schilf- oder Reetmat-

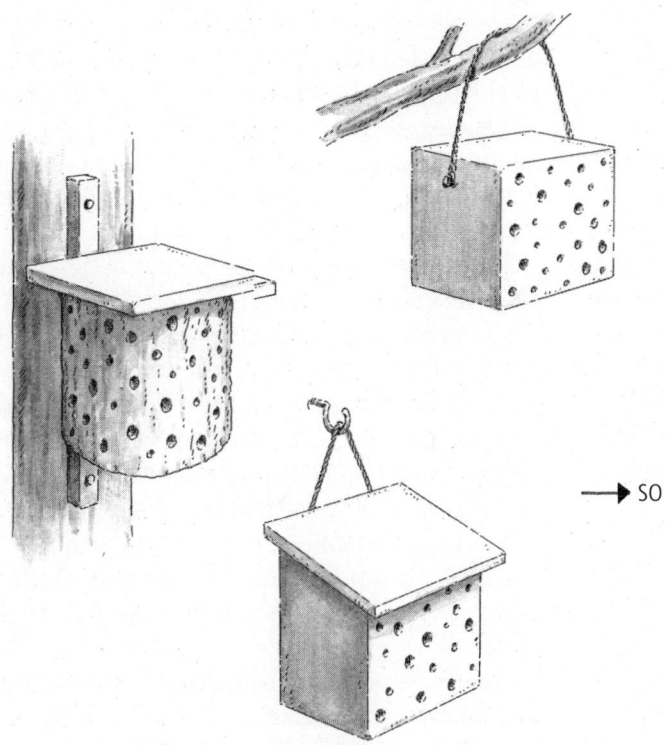

Toplagen für Wildbienen bieten Holzklötze mit Löchern an sonnigen
und geschützten Hauswänden oder Bäumen

SO

ten, Baumrinde oder alten Biberschwänzen (Dachziegeln) errichten.

Belegte, verschlossene Löcher dürfen nicht geöffnet oder ausgekratzt werden. Viele Wildbienen
können die Reste alter Nester selbst ausräumen,
sodass man hier der Natur ihren Lauf lassen sollte.

Niststeine

Loch- und Gitterziegel eignen sich gut als Brutstätten für einige im Mauerwerk nistende Wildbienenarten.

Man kann solche Ziegel preiswert im Baumarkt kaufen. Möglicherweise findet man sie aber auch als Restposten von irgendwelchen Bauvorhaben bei Nachbarn oder Bekannten. Neben durchlöcherten Mauersteinen gibt es auch Dachhohlziegel, sogenannte Strangfalzziegel, die heute kaum noch Verwendung finden, aber für Mauer- und Blattschneiderbienen geeignete Hohlräume bieten.

Mit Lehm und Pflanzenstängeln passt man Lochsteine den Insektenbedürfnissen an

Je nachdem wie groß die Löcher in den Mauersteinen sind, kann man die Steine direkt als Wildbienenbehausung verwenden oder man schiebt in größere Öffnungen Bambusabschnitte (zehn bis zwanzig Zentimeter lang), die auf einer Seite durch einen Knoten verschlossen sind. Die Bambusröhrchen werden mit dickem Lehmbrei in den Löchern befestigt und sollten sich mit der Öffnung leicht nach unten neigen, damit kein Regenwasser hineinlaufen kann. Lehm bekommt man beispielsweise in einer Sandgrube häufig umsonst oder beim Ofensetzer.

Die meisten Wildbienen beziehen Hohlräume von drei bis sechs Millimeter Durchmesser

Da die meisten Wildbienenarten ihre Brutzellen in Hohlräumen errichten, die einen Durchmesser von etwa drei bis sechs Millimetern haben, kann man die großen Löcher in Ziegeln auch komplett mit Lehm zuspachteln und dann mit einem Rundholz (Bleistift) oder Draht durch Drehen und Drücken entsprechende Löcher bohren. Dabei wird die Lehmmasse im Ziegel zunächst ganz durchstoßen und das Werkzeug anschließend mit Drehbewegungen vorsichtig wieder herausgezogen. Wenn der Lehm trocken ist, muss man die Innenwände der Nistgänge mit Drehbewegungen gegebenenfalls noch etwas bearbeiten. Zum Schluss verschließt man die Öffnungen an der Rückseite mit einer kleinen Portion Lehm.

In Lehmziegel, unglasierte Klinker oder kleinere Sandsteinblöcke lassen sich auch nachträglich mit

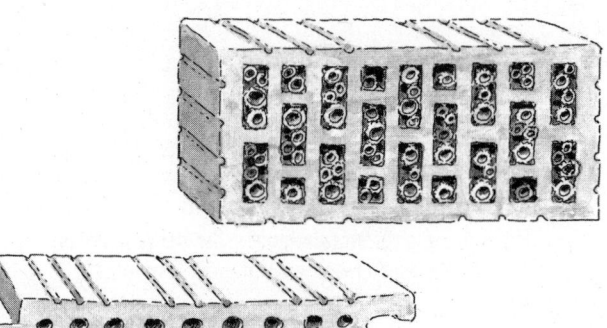

Loch- und Gitterziegel lassen sich einfach mit hohlen Pflanzenröhrchen füllen

einem Steinbohrer Löcher mit verschiedenen Durchmessern bohren. Kommt der Bohrer an der Rückseite durch, wird das Loch später mit etwas Fliesenkleber verschlossen. Bimssteine sind zwar leicht zu durchbohren, eignen sich aber als Bienenbrutstätten weniger, weil sie zu viel Wasser speichern und die Eigelege im Inneren dann leicht verpilzen.

Bimsstein eignet sich nicht als Nisthilfe – er trocknet bei Nässe zu langsam

Auch ein altes Tonrohr und ein Klumpen Ton können die Grundlage für eine Wildbienenbehausung bilden. Mit einem Winkelschneider mit einer Steintrennscheibe schneidet man sich aus dem Tonrohr ein Stück von etwa zwanzig Zentimeter Länge zurecht. Das Rohrstück wird dann innen komplett mit Ton zugespachtelt. Hat man einige Bambusabschnitte zur Verfügung, kann man überlegen, ob man sie in die weiche Tonmasse einbauen will. Sobald der Ton im Rohr richtig trocken ist (unter einem feuchten Tuch im Schatten trocknen lassen, sonst gibt es Risse), bohrt man mit einem alten Holzbohrer mehrere Löcher mit verschiedenen Durchmessern in den Ton.

Ein Tonrohr mit Lehm ergibt eine attraktive Füllung für das Insektenhotel

Niststeine und Tonrohre kann man als Einzelelemente an einem sonnigen, regen- und windge-

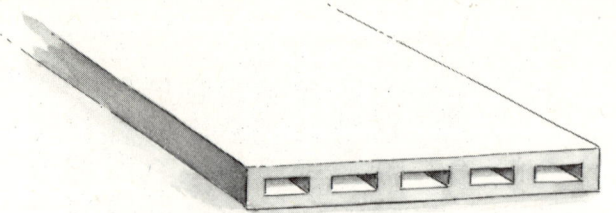

Hohlräume in Strangfalzziegeln sind bei Wildbienen
und anderen Insekten begehrte Nistplätze

Niststeine eignen sich ausgezeichnet für den Einbau in eine Trockenmauer

schützten Standort mit den Öffnungen nach vorne verwenden oder mit anderen Nisthilfen in einem Insektenhaus unterbringen (siehe Seite 30). Da sie aus sehr dauerhaftem Material bestehen, eignen sie sich auch ausgezeichnet für den Einbau in eine Trockenmauer (siehe Seite 112). Anfang März sollten die Niststätten bezugsfertig sein.

Die Niststeine sind sehr langlebig und müssen kaum jemals ersetzt werden. Verschlossene Niströhren dürfen nicht geöffnet werden; viele Wildbienen räumen die Reste alter Nester selbst aus, um die Höhlungen wieder zu belegen.

Nisthilfen aus Lehm

Einige Mauerbienen-, Seidenbienen- und Maskenbienenarten errichten ihre Nester in Lößwänden oder Steilwänden in Lehm- und Sandgruben.

Wenn wir eine Holzkiste vollständig mit feuchtem Lehm füllen und dann mit einem Bleistift mehrere Löcher mit einer Tiefe von etwa fünf Zentimetern bohren, haben wir bereits eine kleine Nisthilfe für die in Lehmwänden siedelnden Bienenarten fertiggestellt. Die Lehmkiste braucht nur noch eine Aufhängung und wird dann in sonniger, regensicherer Lage an einem Balkongeländer, einer Balkonwand oder Hausfassade angebracht.

Mörtelbienen

Megachile

Mörtelbienen werden mit den Blattschneiderbienen (siehe Seite 131) in der Gattung Megachile zusammengefasst.

Charakteristisch für eine Biene dieser Gattung sind ihr in der Mitte verengter Hinterleib und eine Bauchbürste zur Aufnahme großer Pollenmengen. Mörtelbienen und Blattschneiderbienen kommen in Deutschland in etwa zwanzig Arten vor.

Im Gegensatz zu den eigentlichen Blattschneiderbienen bauen Mörtelbienen ihre Nester nicht aus Blattstücken, sondern stellen aus Sand, Lehm, Nektar und Speichel eine mörtelähnliche Masse her. Damit wird an Felsen oder altem Mauerwerk eine zunächst nach oben hin offene Brutkammer errichtet. Danach wird der untere Teil der Kammer mit einem Nahrungsbrei aus Nektar und Pollen gefüllt und schließlich ein Ei daraufgelegt. Nun wird die Brutzelle mit Mörtel verschlossen und die nächste Zelle in gleicher Weise dicht daneben angelegt. In der Regel besteht das Nest am Ende aus etwa sechs, gelegentlich auch mehr als zehn unregelmäßig angeordneten Brutzellen. Zum Schluss wird das gesamte Bauwerk mit einer zusätzlichen, unauffälligen Mörtelschicht überzogen. Die getrocknete Mörtelschicht über den Brutzellen ist so hart, dass ein Vogel sie mit seinem Schnabel nicht zertrümmern und die darunter verborgene Bienenbrut deshalb nicht verspeisen kann.

Mit Lehmziegeln, in die man fünf bis acht Zentimeter tiefe Löcher mit verschiedenen Durchmessern (vier bis zehn Millimeter) bohrt und dann zum Teil wieder mit Lehm zuschmiert, schafft man Wohnungen für Hautflügler, deren Ansprüche an einen Nistplatz recht spezifisch sind. Maskenbienen wie *Hylaeus communis* (siehe Seite 47) werden einen offenen Bohrgang im Lehmziegel mit hoher Wahrscheinlichkeit sofort beziehen. Einige Lehmwespenarten wollen sich aber ihre Brutröhre lieber selbst graben und finden dann in den Löchern, die wir

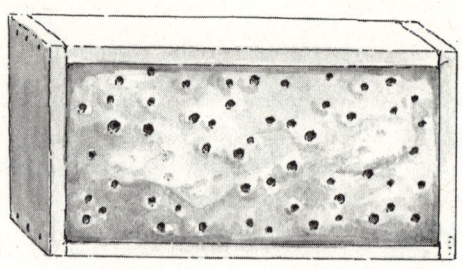

Eine Holzkiste mit Lehm ersetzt die Lehmgrube
für Masken- oder Seidenbienen

Lehmwespen bevorzugen lehmgefüllte Nisthilfen und graben sich ihre Gänge selbst

wieder mit Lehm zugeschmiert haben, eine geeignete Stelle.

Lehmziegel kann man in einem Insektenhaus unterbringen (siehe Seite 30), in eine Trockenmauer einbauen (siehe Seite 112) oder als ganze Wand mit Lehmziegeln errichten, wenn man genügend Material zur Verfügung hat. Der Platz, an dem man sie verwendet, muss immer sonnig und regengeschützt sein. Die Öffnungen zeigen nach Süden. Wegen der aufsteigenden Feuchtigkeit dürfen Lehmziegel auch nicht direkt mit dem Erdreich in Berührung kommen. Die Nisthilfen sollten etwa ab Anfang März bezugsfertig im Garten platziert sein.

Fertige Nisthilfen

Die beschriebenen Nisthilfen für Wildbienen gibt es auch als Fertigprodukte zu kaufen (Bezugsquellen siehe Seite 155). Die Auswahl reicht von durchlöcherten Blöcken aus atmungsaktivem »Holzbeton« oder abgelagertem Buchenholz über Schilfabschnitte in einem Gehäuse bis zu fertigen kleinen Nistwänden mit Schilfröhrchen und durchlöcherten Lehmziegeln. Daneben sind auch spezielle Kombinations-Nisthilfen für Wildbienen, solitäre Wespenarten, Ohrwürmer, Florfliegen oder Marienkäfer erhältlich.

Quartiere für Ohrwürmer, Florfliegen, Schmetterlinge und Marienkäfer

Ohrwürmer

Ohrwürmer sind Nachttiere, die man nur selten zu Gesicht bekommt, da sie sich tagsüber unter Steinen, Rinde oder Brettern verbergen.

Eigentlich könnte der Ohrwurm davonfliegen, wenn man ihn aufgestöbert hat, weil er über Flügel verfügt. Bei den meisten Ohrwürmern sind die Hinterflügel jedoch verkümmert, sodass sie nicht flugfähig sind. Aber auch Exemplare mit gut ausgebildeten Flügeln sieht man, allein schon wegen ihrer nächtlichen Lebensweise, nur selten einmal fliegen. Bevor ein flugfähiger Ohrwurm in die Luft geht, muss er aufwendige Startvorbereitungen treffen. Unter seinen winzigen Flügeldecken befinden sich große häutige Hinterflügel. Diese sind so kompliziert zusammengelegt und verpackt, dass der Ohrwurm seine eigenartigen Schwanzanhänge benutzen muss, um sie zu entfalten.

Eigentlich könnten Ohrwürmer davonfliegen, wenn sie sich gestört fühlen

Aufgrund seiner »Hinterleibszange« haben viele Menschen Angst vor dem Ohrwurm. Wenn wir einen Ohrwurm in die Hand nehmen, werden wir aber erkennen, dass er uns mit seiner Furcht einflößenden Zange zwar in den Finger zwicken kann, die Zange aber zu schwach ist, unsere Haut zu durchstechen. Für die Fortpflanzung sind die Hinterleibsanhänge lebensnotwendig, denn das Männchen benutzt sie, um seine Partnerin in Position zu halten.

Die Ohrwurmmütter gehen dann sehr fürsorglich mit ihrem Nachwuchs um. Sobald das Weibchen etwa fünfzig Eier im Boden abgelegt hat, kümmert es sich ununterbrochen um das Gelege. Es bewacht die Eier und wendet sie, um sie vor dem Verpilzen zu schützen, oder trägt sie gar zu einem an-

Ohrwurmmütter gehen sehr fürsorglich mit ihrem Nachwuchs um

deren Versteck, wenn ihr das alte Versteck nicht mehr geeignet erscheint. In einem Versuch wurden einem Ohrwurmweibchen die Eier weggenommen und in der Umgebung verstreut. Es suchte sie wieder zusammen. Die Ohrwurmlarven erfahren die gleiche mütterliche Fürsorge. Das Weibchen verteidigt sie gegen Feinde und holt sie wieder zurück, wenn sie sich zu weit vom Nest entfernt haben.

Die bei uns am häufigsten vorkommende Ohrwurmart ist der Gewöhnliche Ohrwurm *(Forficula auricularia)*. Ohrwürmern wird oft verübelt, dass sie sich gern in der Mulde am Stielansatz von Äpfeln verkriechen, die Schale anknabbern und das Obst dann nicht mehr haltbar ist. In der Regel benutzen sie den Apfel aber nur als sicheres Versteck. Ohrwürmer sind Gartennützlinge, die große Mengen an Blumen- und Minierfliegen, Schild- und Blattläusen vertilgen. Dass sie hin und wieder an Blütenpflanzen herumknabbern, sollten wir ihnen nachsehen.

Ohrwürmer vertilgen große Mengen an Läusen und Blumenfliegen

Ohrwurmquartier

Ein dekoratives Ohrwurmquartier kann man mit einem Tonblumentopf, einem kleinen Holzstab (nicht länger als der Durchmesser des Blumentopfbodens), einem Stück engmaschigen Maschendraht, einer Kordel (etwa fünfzig Zentimeter lang) und etwas Stroh oder Holzwolle selbst bauen.

Die Kordel wird am Hölzchen mittig festgebunden. Das längere Kordelende wird dann durch die Öffnung des Topfbodens gezogen. Das kürzere Kordelende sollte im Inneren des Blumentopfes herunterhängen und etwas länger sein, als der Topf tief ist. Der Blumentopf wird mit Holz-

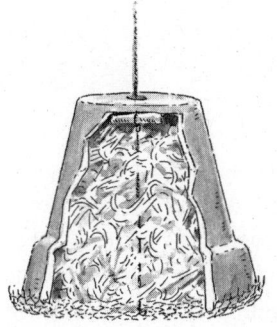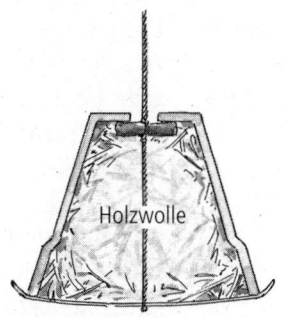

Ohrwürmer verkriechen sich tagsüber gern in
Holzwolle in einem Tonblumentopf

wolle oder Stroh gefüllt, und am kürzeren Ende der Kordel befestigt man dann das Drahtgeflecht, damit die Füllung nicht herausfallen kann.

Aus Blumentopf, Maschendraht, Kordel und Stroh entsteht ein dekoratives Ohrwurmquartier

Der Topf wird an einem Ast aufgehängt, wobei der Topfboden den Ast berühren sollte, damit der Topf im Wind nicht zu stark herumschaukelt und die Ohrwürmer hineinkriechen können. Die Insekten mögen keine pralle Sonne. Ohrwurmquartiere kann man im zeitigen Frühjahr im Garten platzieren. Sie bleiben ganzjährig im Freien. Eine Reinigung oder Erneuerung der Füllung ist nicht notwendig.

Sogenannte »Ohrwurm-Schlafröhren« gibt es auch als Fertigprodukte zu kaufen (Bezugsquellen siehe Seite 155). Diese Quartiere bestehen beispielsweise aus Holzbeton und werden über abgeschnittene Aststummel oder Zaunpfähle gestülpt. Sie sind wartungsfrei und wetterbeständig.

Ohrwürmer mögen keine pralle Sonne

Florfliegen

Goldglänzende
Facettenaugen
und transparente
Flügel reflek-
tieren das
Sonnenlicht

Die Florfliege *Chrysoperla car-nea,* unsere häufigste heimi-sche Florfliegenart, ist ein zart und zerbrechlich wirkendes Insekt. Sie hat wunderschöne goldglänzende Facettenaugen und transparente Flügel, durchzogen mit feinen Chitin-plättchen, die das Sonnenlicht in allen Regenbogen-farben reflektieren. Florfliegen gehören zu den Netz-flüglern und kommen in Deutschland mit zweiund-zwanzig Arten vor.

Die erwachsenen Tiere ernähren sich von Pollen und Nektar, aber auch von verschiedenen, pflan-zensaugenden Schadinsekten. Ihre Larven dagegen jagen ausschließlich Blattläuse, was ihnen den Na-men »Blattlauslöwe« eingetragen hat. Einer wissen-schaftlichen Studie zufolge soll eine Florfliegenlar-ve in ihrer dreiwöchigen Entwicklungsphase vier-hundertfünfzig Blattläuse vertilgen.

Eine Florfliegen-
larve verzehrt
in drei Wochen
vierhundert-
fünfzig Blattläuse

Dieser immense Appetit hat dazu geführt, dass man gezüchtete Florfliegeneier zum gezielten Ein-satz gegen die Pflanzenschädlinge kaufen kann. Die Eier werden zum Teil in einer pulverartigen Sub-stanz geliefert, die man in Wasser einrührt. Diese Lösung sprüht man dann mit einer herkömmlichen Spritze auf die befallenen Pflanzen. Während In-sektizide weder Schädlinge noch Nützlinge verscho-nen, können Nützlinge wie Florfliegen nirgends schädlich werden. Der Florfliegenbestand geht zu-rück, wenn sich das Nahrungsangebot verschlech-tert und nur noch eine geringe Anzahl von Blatt-läusen vorhanden ist.

Florfliegenkasten

Ein spezielles Florfliegenquartier, in das sich die Insekten zu Beginn der kalten Jahreszeit zurückzie-
hen können, gibt es fertig zu kaufen (Bezugsquellen siehe Seite 155). Das aus Holz oder Holzbeton
gefertigte Gehäuse ist mit Weizenstroh gefüllt und
hat an der Vorderseite lamellenartige Einflugschlit-
ze. Damit die Florfliegen angelockt werden, hat die
Behausung einen recht auffälligen rötlichen Farb-
anstrich. Viele Insekten haben eine andere Farb-
wahrnehmung als Menschen und werden von bestimmten Farben angezogen. Florfliegen bevorzugen diesen rostroten Farbton.

Rostrote Farbtöne locken Florfliegen besonders stark an

Ein ähnliches Florfliegenquartier kann man auch
selbst bauen (siehe 60).

Florfliegenkasten

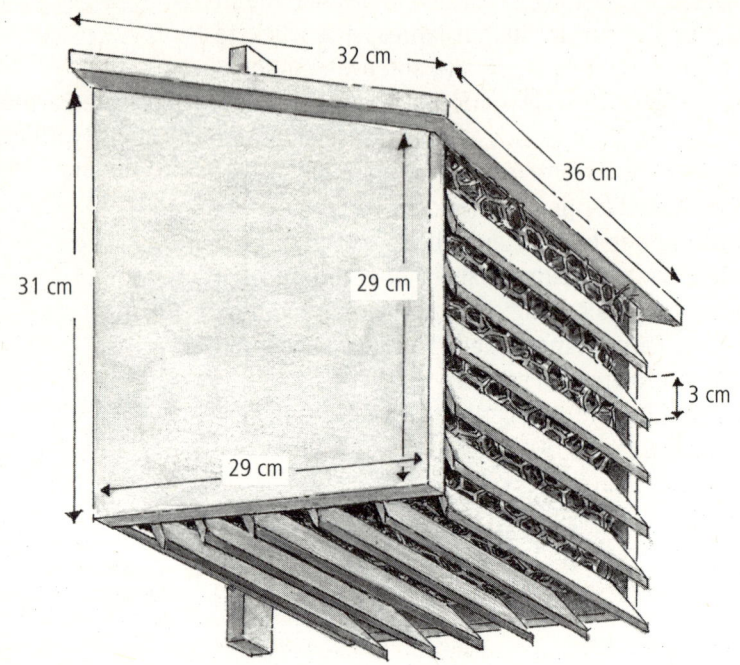

Baumaterial

- Rückwand: 1 Brett 29 cm × 31 cm, 2 cm stark
- Seitenwände: 2 Bretter, jeweils 31 cm × 29 cm, 2 cm stark, eine Länge auf 29 cm abgeschrägt (siehe Bauplan)
- Dachplatte: 1 Brett 36 cm × 32 cm, 2 cm stark
- Vorder- und Unterseite: 13 Leisten, jeweils 29 cm × 5 cm, 1 cm stark
- Leiste zum Aufhängen des Kastens: etwa 40 cm lang
- Dachpappe: etwa 44 cm × 40 cm
- engmaschiges Drahtgeflecht (Kaninchen- oder Kükendraht): etwa 60 cm × 29 cm
- Nägel oder Schrauben zum Zusammenbau der Holzteile
- Nägel zum Befestigen der Dachpappe
- rostrote, wetterfeste, schadstofffreie Farbe
- Füllmaterial: Weizenstroh

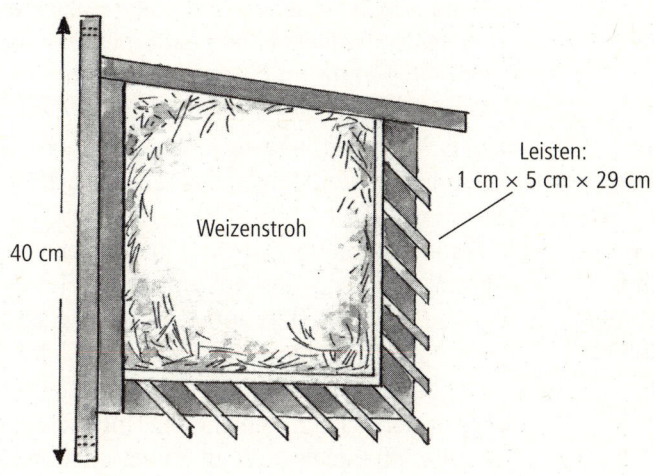

40 cm

Weizenstroh

Leisten:
1 cm × 5 cm × 29 cm

Bauanleitung

- Sägen Sie die einzelnen Bretter anhand der Angaben im Bauplan zurecht und nageln oder schrauben Sie den Kasten zusammen.
- Die Leisten für die Einlassschlitze werden im Winkel von fünfundvierzig Grad mit einem Abstand von etwa drei Zentimetern an den Seitenwänden angenagelt.
- Vorder- und Unterseite werden im Inneren des Kastens mit Drahtgeflecht hinterlegt.
- Der Kasten wird mit Weizenstroh gefüllt und mit einem wetterfesten, atmungsaktiven rostroten Anstrich versehen, der Florfliegen anlockt.

Standort und Wartung

Die Aufhängung erfolgt in eineinhalb bis zwei Metern Höhe an einem Obstbaum, einer Mauer oder Ähnlichem. Florfliegen überwintern als erwachsene Tiere und nutzen dieses Quartier von Mitte September bis zum nächsten Frühjahr. Die Füllung im Kasten muss nicht erneuert werden.

Schmetterlinge

Auch Schmetterlinge sind fleißige Blütenbestäuber. Sie sind wie Wildbienen und andere Insekten aufgrund fehlender Nektar- und Futterpflanzen und fehlender Überwinterungsquartiere bedroht.

Den in Mitteleuropa relativ kalten Winter überstehen Schmetterlinge auf unterschiedliche Weise: als Raupen, als Puppen oder als ausgewachsene Falter.

Distelfalter und Admiral verbringen den Winter südlich der Alpen

Wanderschmetterlinge wie der Distelfalter oder Admiral verlassen uns mit sinkenden Temperaturen und machen sich auf eine lange gefahrvolle Reise, die sie über die Alpenpässe nach Süden führt.

Die bei uns überwinternden Schmetterlinge suchen dagegen nach geeigneten Unterschlupfmöglichkeiten, beispielsweise in einem unausgebauten Dachboden, in Schuppen, Scheunen oder Garten-

Zitronenfalter

Gonepteryx rhamni

Zitronenfalter erfreuen uns schon im zeitigen Frühjahr mit ihrem Hochzeitsflug. Dem zitronengelb gefärbten Männchen folgt dabei das etwas blasser gefärbte Weibchen in kurzem Abstand und exakt auf gleichem Kurs. Es sieht aus, als seien die Falter durch einen unsichtbaren Faden miteinander verbunden. Nach ihrem Erscheinen in der oft noch kühlen Jahreszeit machen die Schmetterlinge eine Art Sommerschlaf, um im Herbst noch einmal aktiv zu werden.

Zitronenfalter können auch längere Frostperioden wohlbehalten überleben. Bevor es richtig kalt wird, scheiden sie mit Harn und Kot überflüssiges Wasser aus und setzen so den Gefrierpunkt im Körperinneren herab.

Raupenfutterpflanzen: *Faulbaum oder Kreuzdorn.*
Überwinterungsquartiere: *in Büschen, unter Falllaub oder Reisighaufen.*

Tagpfauenauge

Inachis io

Das Tagpfauenauge mit seinen markanten Augenflecken auf allen Flügeln gehört zu den wohl bekanntesten und schönsten in Mitteleuropa heimischen Edelfaltern. Das Augenmuster, das beim Aufklappen der Flügel sichtbar wird, kann hungrige Vögel so erschrecken, dass sie davon absehen, den Falter zu verzehren. Beim Zuklappen der Flügel vertraut das Tagpfauenauge auf das Prinzip der Tarnung; es sieht dann einem dürren Blatt zum Verwechseln ähnlich.

Die attraktiven Tagfalter lassen sich mit Nektarblumen leicht in den Garten locken. Sie mögen vor allem herkömmliche Zuchtsorten mit ungefüllten Blüten und haben eine besondere Vorliebe für den Sommerflieder Buddleia, an dem man sie in großer Zahl bewundern kann. Die dunkel gefärbten Falterraupen leben gesellig an Brennnesseln. Wenn man einige Brennnesselstauden in einer Gartenecke stehen lässt, kann man dort nicht selten den gesamten Lebenszyklus des Tagpfauenauges vom Ei bis hin zum schlüpfenden Falter beobachten.

Raupenfutterpflanzen: *Brennnessel, seltener auch Wilder Hopfen.*
Überwinterungsquartiere: *hohle Bäume, Gartenhäuschen, Schuppen, Scheunen, Dachböden.*

---

häuschen. Als Einlass genügen ihnen schon kleine Öffnungen im Mauerwerk, Ritzen in einer Holzverschalung oder ein gekipptes Fenster. Auch Florfliegen und Marienkäfer sind im Herbst auf der Suche nach einem geeigneten Winterquartier. Deshalb sollten wir nicht jede Luke in Nebengebäuden oder einer Giebelwand, hinter der sich ein leerer Dachboden verbirgt, ritzenlos verschließen. Die eingeschlüpften Insekten müssen auch jederzeit wieder ins Freie gelangen können, und die Einlassschlitze

Tagpfauenauge, Kleiner und Großer Fuchs benötigen Winterquartiere diesseits der Alpen

dürfen während der Winterruhe nicht verschlossen werden.

Schmetterlinge überwintern auch im Florfliegenkasten

Auch ein Florfliegenkasten (siehe Seite 60) kann Schmetterlingen als Winterquartier dienen. Außerdem gibt es spezielle Schmetterlingskästen, in denen die Tiere überwintern können.

Kleiner Fuchs

Aglais urticae

Wie viele Edelfalter hat auch der Kleine Fuchs eine wunderschöne Oberseite und eine tarnende Unterseite. Bei geöffneten Flügeln wird erkennbar, dass er dem Großen Fuchs sehr ähnlich ist. Die kleinen blauen Flecke am Rand der Flügel sind aber wesentlich deutlicher ausgeprägt und bilden einen hübschen Kontrast zur rötlich gelben Grundfarbe.

Je nach Wettersituation tauchen die Falter, die bei uns überwintert haben, schon Ende Februar auf und bringen das erste bunte Leben in die noch grauen Gärten. In guten Schmetterlingsjahren bringt der Kleine Fuchs bis zu drei Generationen hervor. Seine Raupen sind streng an das Vorkommen der Brennnessel gebunden, sodass es die hübschen Schmetterlinge ohne die oft als Unkraut angesehene Pflanze nicht geben würde.

Raupenfutterpflanze: *ausschließlich Brennnessel (Urtica dionica); daher ist der lateinische Name des Schmetterlings Aglais urticae.*
Überwinterungsquartiere: *Mauerritzen, Dachböden, Schuppen, Scheunen, Mauselöcher.*

Großer Fuchs

Nymphalis polychloros

Der Große Fuchs ist an der Oberseite braungelb gefärbt, durchsetzt mit dunklen Punkten; auf der Randbinde an den Hinterflügeln erkennt man kleine blaue Flecke.

Der Große Fuchs war früher so häufig in traditionellen Bauerngärten oder auf Streuobstwiesen anzutreffen, dass man ihn als Schädling betrachtete. Die Vorliebe seiner Raupen für die Blätter von Apfel-, Birn- und Kirschbäumen ist ihm zum Verhängnis geworden. Durch den intensiven Einsatz von Spritzmitteln in Obstkulturen steht der Falter heute auf der Roten Liste bedrohter Arten.

Der Große Fuchs zeigt sich ab März und dann wieder im Hochsommer, bevor er in seine Winterverstecke verschwindet.

Raupenfutterpflanzen: *Weide, Ulme, Pappel, Kirsche, Birne, Apfel.*
Überwinterungsquartiere: *in Holzspalten, in Schuppen, Ställen, Scheunen oder Gartenhäuschen.*

Marienkäfer

Kaum eine andere Käferart ist beim Menschen so beliebt wie der Marienkäfer. Die hübschen Insekten mit den charakteristischen Punkten auf den Flügeldecken gelten als Glücksbringer, und schon die mittelalterlichen Weinbauern empfahlen sie dem besonderen Schutz der Muttergottes. Die meisten Marienkäferarten sind intensiv rot, orange oder gelb mit schwarzen Punkten oder Flecken gefärbt. Diese Warnfärbung soll Feinde abhalten, die Marienkäfer zu verzehren, doch nicht jeder hungrige Vogel oder jedes Raubinsekt lässt sich allein durch die Färbung abschrecken. Bei drohender Gefahr können die Käfer zudem eine unangenehm schmeckende Körperflüssigkeit absondern, oder sie lassen sich fallen und stellen sich eine Zeit lang tot.

Kaum ein Käfer ist so beliebt wie der Marienkäfer

Marienkäferquartier

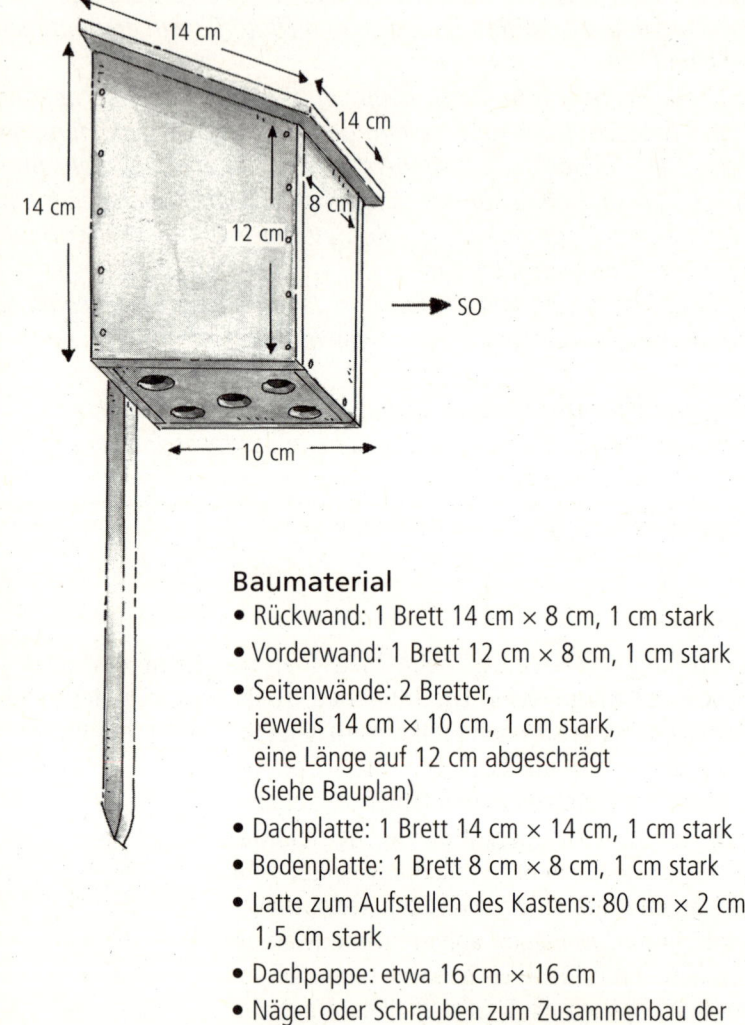

Baumaterial

- Rückwand: 1 Brett 14 cm × 8 cm, 1 cm stark
- Vorderwand: 1 Brett 12 cm × 8 cm, 1 cm stark
- Seitenwände: 2 Bretter,
  jeweils 14 cm × 10 cm, 1 cm stark,
  eine Länge auf 12 cm abgeschrägt
  (siehe Bauplan)
- Dachplatte: 1 Brett 14 cm × 14 cm, 1 cm stark
- Bodenplatte: 1 Brett 8 cm × 8 cm, 1 cm stark
- Latte zum Aufstellen des Kastens: 80 cm × 2 cm,
  1,5 cm stark
- Dachpappe: etwa 16 cm × 16 cm
- Nägel oder Schrauben zum Zusammenbau der
  Holzteile
- Nägel zum Befestigen der Dachpappe
- Füllmaterial: Holzwolle

Holz
Verwenden Sie unbehandelte Weichholzbretter aus Tannen- oder Kiefernholz.

Bauanleitung
Die Marienkäferbehausung hat die Form eines Vogelnistkastens, und die Bretter werden in entsprechenden Maßen zurechtgesägt.
- In das Bodenbrett bohrt man einige Einschlupflöcher mit etwa acht Millimeter Durchmesser.
- An der Rückwand nagelt man eine längere stabile Latte an. Der Innenraum des Quartiers wird mit Holzwolle gefüllt.
- Die Latte mit dem Häuschen wird zwischen Pflanzen, die besonders von Blattläusen befallen sind, in den Boden gesteckt.

Standort und Wartung
Das Quartier sollte in Südostrichtung sehen und an einem sonnigen bis halbschattigen Platz untergebracht werden. Es bleibt ganzjährig draußen, eine Reinigung ist nicht notwendig. Das Marienkäferquartier wird auch häufig von Ohrwürmern als Unterschlupf benutzt.

Marienkäfer werden etwa ein Jahr alt und überwintern als fertige Insekten. Sowohl erwachsene Tiere als auch Marienkäferlarven ernähren sich räuberisch von Blattläusen. Mit dem Beginn der wärmeren Jahreszeit legen die Weibchen ihre länglichen Eier in der Nähe von Blattlauskolonien ab, damit die später ausschlüpfenden Larven sofort ausreichend Nahrung vorfinden. Wissenschaftlichen Untersuchungen zufolge verzehren die Larven bis zu ihrer Verpuppung etwa sechshundert Blattläuse, und erwachsene Marienkäfer können während ihres restlichen Lebens mehrere tausend dieser Schädlinge vertilgen.

Ein Marienkäfer verzehrt während seines einjährigen Lebens mehrere tausend Blattläuse

Ein Quartier für Marienkäfer kann man mit wenigen Materialien und Werkzeugen einfach selbst bauen (siehe Seite 66).

Wir wissen derzeit von etwa 350.000 Käferarten, die auf unserer Erde leben, und die Zahl der bekannten Arten steigt weiter, denn ständig werden bisher unbekannte Käfer entdeckt und beschrieben.

Auch Käfer bestäuben Blüten

Käfer haben die Menschen zu allen Zeiten beschäftigt: Sie wurden gefürchtet, verfolgt oder mystisch verklärt. Unter den Käfern finden wir Arten, die als Schädlinge der Land- und Forstwirtschaft berüchtigt sind, wie der Kartoffel- oder der Maikäfer. Aber Käfer haben auch ihre guten Seiten, denn sie beteiligen sich an der Beseitigung von tierischen Exkrementen und Kleinkadavern, ernähren sich von Schadinsekten oder sind gar in der Lage, Blüten zu bestäuben.

Hummelkästen

Hummeln (Gattung *Bombus)*, neben den Honigbienen die wohl bekanntesten Bienen, gelten uneingeschränkt als nützlich und friedfertig, was sie auch sind. Die hübschen Insekten gehören zu den fleißigsten Blütenbesuchern und konnten sich durch unterschiedliche Rüssellängen ein breites Spektrum an Trachtpflanzen erschließen.

Hummeln gehören zu den fleißigsten Blütenbesuchern

Hummeln mit besonders langen Rüsseln (die Rüssellänge kann bis zu achtzig Prozent der Körperlänge betragen) können zu Nahrungsquellen in tiefen und engen Blütenkelchen vordringen, die für Honigbienen unerreichbar sind. Einige Hummelarten mit kurzen Rüsseln, die an tief liegende Nektardrüsen nicht auf »normalem« Wege herankommen, beißen die Blütenröhre über dem Nektarspiegel von außen seitlich an und gelangen dann auch mit ihrem kurzen Rüssel an den begehrten Nektar, ohne dabei allerdings die Pflanze zu bestäuben. Von diesem Verfahren des seitlichen Blüteneinbruchs profitieren auch Honigbienen. Sie besitzen noch kürzere Rüssel und zudem zu schwache Mundwerkzeuge, um damit Löcher in die Basis der Blüte zu beißen. So aber können sie sich an einer Nahrungsquelle bedienen, die ihnen Hummeln erschlossen haben.

Manche Hummeln beißen Löcher in Blüten, um Nektar zu saugen

Bei den Staaten bildenden Hummeln errichtet allein die Königin, ein befruchtetes, überwinterndes Weibchen, in einem geeigneten Hohlraum ein aus Pflanzenteilen und Wachs bestehendes Nest, in dem sich zunächst nur unfruchtbare Arbeiterinnen, später auch Geschlechtstiere entwickeln.

Aufgrund ihres dichten Haarpelzes vor Kälte geschützt, kommen Hummeln auch in Regionen vor, die oberhalb des nördlichen Polarkreises liegen und in denen man die wärmeliebende Honig-

Ihr dichter Haarpelz schützt Hummeln auch am Polarkreis vor Kälte

biene nicht mehr findet. In Deutschland kennt man etwa dreißig Hummelarten. Sie werden in unserer Kulturlandschaft immer seltener; einige gelten als vom Aussterben bedroht.

Für Gartenbau und Landwirtschaft sind die Bestäubungsdienste von Hummeln ebenso unverzichtbar wie die der Honigbienen. Viele der von uns wirtschaftlich genutzten Pflanzen wie Bohnen, Senf, Raps oder Erbsen werden vornehmlich von Hummeln besucht. Die Luzerne wird nur zu einem Prozent von Honigbienen bestäubt, zu zwanzig Prozent von Wildbienen und zu fast achtzig Prozent von Hummeln. Beim Rotklee tragen Hummeln mit siebzig bis hundert Prozent den Hauptteil an der Bestäubung. Gerade unsere moderne Landwirtschaft mit ihren Monokulturen und einer Spezialisierung auf neu gezüchtete, ertragreichere Sorten macht heute jedoch vielen Hummelarten das Überleben schwer. Durch den Einsatz von Herbiziden und Insektiziden rottet man nicht nur Unkräuter und Pflanzenschädlinge aus, sondern nebenbei auch andere Tiere oder Wildblumen am Feldrand, die wichtige Trachtquellen für Hummeln sind.

Bohnen und Erbsen werden vor allem von Hummeln bestäubt

Wichtige Futterquellen für Hummeln gehen durch Herbizide zugrunde

Die Giftbelastung in der modernen Landwirtschaft trifft viele Hummelarten aber auch auf andere Weise: Weil Nagetiere als Schädlinge gelten und mit Rodentiziden (Nagetiergiften) bekämpft werden,

Steinhummel

Bombus lapidarius
Steinhummeln sind sehr attraktive, fast schwarze Hummeln mit einem leuchtend roten Hinterteil.

Nach der Winterruhe machen sich die Jungköniginnen auf die Suche nach einem geeigneten Nistplatz in verlassenen Vogelnistkästen, unbewohnten Mäusegängen oder Fels- und Mauerspalten. Sie bauen

ihre Nester im offenen Gelände, an Wegrändern oder auf Waldlichtungen und in Trockenwiesen, aber auch in Gärten unter Hecken und Gebüschen oder in den Hohlräumen einer Trockenmauer.

Die Königin sammelt Moos, Tierhaare oder Pflanzenfasern, formt das Material zu einem ersten provisorischen Nest, baut ein kleines urnenförmiges Wachsgefäß und legt dort einen Pollenvorrat und zehn bis sechzehn Eier hinein. Das Ganze wird noch mit einer luftdurchlässigen Wachshaube überzogen.

Dann beginnt die Königin mit dem Bebrüten des Geleges, indem sie sich wie eine Hühnerglucke darauf niederlässt und ihren wärmenden Hinterleib über dem Eitopf ausbreitet. Anders als die meisten Insekten können Hummeln ihre Körpertemperatur unabhängig von der jeweiligen Außentemperatur regeln. Durch Vibrieren der Flugmuskeln steigt ihre Körpertemperatur innerhalb kürzester Zeit. Die von den Flügeln abgekoppelte Flugmuskulatur funktioniert dann beim Bebrüten der Eier wie eine Standheizung und gewährleistet im Eitopf auch bei kühler Witterung eine ziemlich konstante Temperatur von sechsunddreißig Grad.

Wenn nach etwa vier Wochen die erste Generation von Arbeiterinnen herangewachsen ist, sorgen diese dafür, dass es mit dem neugegründeten Hummelstaat aufwärtsgeht. Die Arbeiterinnen bauen aus Wachs Brutzellen und Honigtönnchen zum Einlagern von Nahrungsvorräten, tragen Pollen und Nektar ein und pflegen die Larven, während die Königin sich mehr und mehr aus dem Bau- und Pflegedienst zurückzieht und sich schließlich ganz aufs Eierlegen konzentriert.

In guten Sommern mit vielen Trachtquellen kann ein Steinhummelvolk auf etwa 300 Tiere anwachsen. Wie bei allen heimischen Hummeln üblich, geht der Hummelstaat im Spätherbst zugrunde. Nur die noch im Sommer befruchteten Weibchen überwintern in geschützten Verstecken, um im nächsten Frühjahr, auf sich allein gestellt, ein neues Volk zu gründen.

Trachtpflanzen: *Rotklee, Weißklee, Disteln, Ackerbohne, Wiesensalbei, Glockenblume, Flockenblume, Taubnesseln und andere.*
Nisthilfen: *Hummelnistkästen, die mit etwas Polsterwolle ausgestattet sind, aber auch alle möglichen Höhlungen in Trockenmauern, auf Dachböden, in alten Scheunen, Schuppen oder Gartenhäusern.*

Hummeln leben bevorzugt in verlassenen Mäusegängen

gibt es auch immer weniger Wohnungen für Hummeln, denn die Insekten besiedeln vorzugsweise verlassene Mäusegänge, in denen es nach ihren Vorbesitzern duftet.

Während sich die Sammlerinnen eines Honigbienenvolkes eine ergiebige Trachtquelle durch den »Bienentanz« mitteilen und diese dann gemeinsam

Ackerhummel

Bombus pascuorum floralis
Die Ackerhummel stellt keine besonderen Ansprüche an ihren Lebensraum. Man findet sie an trockenen und auch feuchten Stellen in Wäldern und Wiesen, an Gräben, Böschungen und Wegrändern, in Parks und Gärten, in Dörfern und Städten. Ebenso anspruchslos sind die Ackerhummeln bei der Wahl ihrer Nistplätze. Sie bauen ihre Nester ober- und unterirdisch in verlassenen Mäuse- und Maulwurfsbehausungen, in Vogelnestern und -nistkästen, auf Dachböden, in Geräteschuppen oder Scheunen. Sie formen ihre Nester aus vorgefundenen und gesammelten Materialien, die sie zerbeißen und dann miteinander verflechten. Dazu kann Gras, Stroh, Moos, Wolle, alte Kleidung oder Ähnliches dienen.

Die Arbeiterinnen dieser Art sind überwiegend braungelb bis rot gefärbt und nur etwa zwölf bis fünfzehn Millimeter groß. Gegen Ende des Sommers kann der Hummelstaat aus sechzig bis hundertfünfzig Tieren bestehen.

Trachtpflanzen: *Weidenkätzchen, Taubnesseln, Disteln, Brombeere, Zierjohannisbeere, Flockenblume, Wicken, Rotklee, Weißklee, Wiesensalbei, Thymian und andere.*
Nisthilfen: *Ackerhummeln lassen sich leicht in Hummelnistkästen ansiedeln, es eignen sich ober- und unterirdische Nistkästen. Scheunen, Schuppen, Gartenhäuser oder Dachstühle mit Einlass und einem Angebot an Nistmaterial (Stroh, Heu, Strickwolle, Holzwolle, Moos und Ähnliches) werden gerne angenommen.*

befliegen, findet eine solche Informationsweitergabe bei den Hummeln nicht statt.

Die Sammlerinnen eines Hummelvolkes müssen sich jede Pollenquelle selbst erschließen, bringen aber pro Trachtflug eine weitaus größere Pollenfracht in ihre kurzlebigen Sommerstaaten ein als Honigbienen.

Eine Hummel sammelt pro Trachtflug mehr Pollen als eine Honigbiene

Vorwiegend langrüsselige Hummeln laden den Pollen im Nest in besonderen »Taschen« ab, die sich um die Brutzellen herum befinden und die mit einer Wachshaube verschlossen werden. Von dem Pollenvorrat in den »Taschen« werden dann die Larven von spezialisierten Ammenhummeln gefüttert. Der Aufbewahrungsbehälter wird nach jeder Fütterung wieder neu verschlossen.

Die meisten kurzrüsseligen Hummeln speichern den eingetragenen Pollen und Nektar dagegen in ausgedienten Brutkokons, die oben offen sind und sich in der Nähe der Brutzellen befinden. Aus diesen Vorratsbehältern können sich die Larven auch ohne Ammenhilfe selbstständig ernähren.

Pollen und Nektar dienen Hummeln als Nahrung

Fertige Hummelnistkästen

Hummelnistkästen, beispielsweise aus feuchtigkeitsabweisendem Holzbeton, die nur noch im Garten eingegraben oder aufgestellt werden müssen, kann man fertig kaufen. Auch als Bausätze sind sie erhältlich (Bezugsquellen siehe Seite 155). Mit dem Kasten erhält man häufig die entsprechende Nistwolle mitgeliefert, die auch jederzeit nachbestellt werden kann.

Unterirdische Nisthilfen

Hummeln nisten in Hohlräumen im Boden oder in oberirdischen Höhlen. Die meisten Arten beziehen sowohl unter- als auch oberirdische Nisträume. Überwiegend unterirdisch nistet die Dunkle Erdhummel, die Helle Erdhummel baut ihr Nest stets in der Erde.

Blumentopf

Die einfachste Nisthilfe für im Boden nistende Hummelarten besteht aus einem mittelgroßen Tonblumentopf.

Das Abflussloch am Boden wird auf einen Durchmesser von etwa zwei Zentimetern erweitert und auf diese Weise zum Einflugloch für die Hummeln.

Dann wird der Topf zur Hälfte mit trockenem Moos, Kleintiereinstreu oder besser noch mit Nistmaterial gefüllt, das nach Mäusen duftet. Spezielles Nistmaterial mit Mäusegeruch gibt es in Zoofachhandlungen zu kaufen; auf Hummeln wirkt dieser Geruch anziehend und sie akzeptieren dann eher einen neu geschaffenen Nistplatz.

Nistmaterial mit Mäusegeruch lockt Hummeln an

Der Blumentopf wird an einer Stelle im Garten vergraben, die nicht begangen und in absehbarer Zeit nicht von Pflanzen überwuchert wird. Zum Schutz vor Wühlmäusen legt man unter den Blumentopf eine dünne Steinplatte oder zwei Dach-

Vor Überflutung des Hummelnestes schützt die
Abdeckung mit einer großen Steinplatte

Auch ein Dachziegel bewahrt die Hummeln vor dem Ertrinken

ziegel. Eine weitere Steinplatte oder ein Firstdach-ziegel über dem Einflugloch schützt das Hummel-nest vor Wind und Regen – die Hummeln sollten aber natürlich noch in ihre Behausung kriechen können (siehe Abbildung).

Achtung: Der Tonblumentopf sollte so platziert werden, dass eingedrungenes Wasser problemlos abfließen kann, weil die Hummeln anderenfalls er-trinken könnten! Der Topf sollte aus diesem Grund auch nicht in einer Senke vergraben werden, in der sich Wasser sammelt – besser ist eine kleine Anhö-he, wo Regenwasser schnell abfließen kann.

Das Füllmaterial wird im Winter ausgewechselt. Ende Februar sollte die gereinigte Nisthilfe den Hummeln wieder zur Verfügung stehen.

Unterirdische Nisthilfen brauchen Schutz von unten und von oben

75

Unterirdischer Hummelnistkasten

Innendurchmesser etwa 3 cm

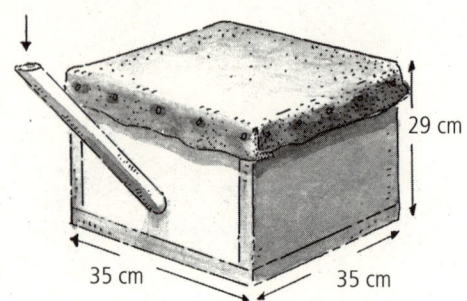

29 cm

35 cm   35 cm

Baumaterial

- Dachplatte: 1 Brett 35 cm × 35 cm, 2 cm stark
- Bodenplatte: 1 Brett 35 cm × 35 cm, 2 cm stark
- Seitenwände: 2 Bretter, jeweils 35 cm × 25 cm, 2 cm stark; 2 Bretter, jeweils 31 cm × 25 cm, 2 cm stark
- Dachpappe: 43 cm × 43 cm
- Nägel zum Befestigen der Dachpappe
- Nägel oder Schrauben zum Zusammenbau der Holzteile
- Einschlupfröhre: Rohr aus Ton oder vergleichbarem Material: etwa 50 bis 70 cm lang, Innendurchmesser etwa 3 cm; oder ein Stück zusammengerollte Dachpappe
- Füllmaterial: Holzwolle, Moos, altes Mäusenest

Holz

Verwenden Sie unbehandelte Bretter aus Fichten-, Kiefern- oder Lärchenholz. Dieser Kasten hat eine Länge und Breite von jeweils 35 cm und eine Höhe von 29 cm. Der Kasten ist rundum geschlossen und hat einen Deckel.

Bauanleitung

- In eine Seitenwand oder in das Brett an der Oberseite bohren Sie ein Loch für die Einschlupfröhre.

- Das Bodenbrett und die Seitenwände werden nach dem Zuschneiden zusammengenagelt oder zusammengeschraubt.
- Das Oberbrett sollte nach dem Zuschneiden ziemlich genau an allen vier Kanten auf den Kasten passen. Es wird mit Dachpappe belegt, und zwar so, dass die Dachpappe an allen vier Seiten jeweils drei bis vier Zentimeter übersteht. Die Dachpappe wird dann mit einem Heißluftgerät oder einem Gasbrenner entlang der Kanten des Deckels etwas erwärmt, über die Kanten gebogen und dann mit ein paar Pappnägeln festgenagelt. An den Ecken wird die Dachpappe nochmals erwärmt, gefaltet und festgenagelt, sodass das Oberteil schließlich so aussieht und funktioniert wie der Deckel auf einem Schuhkarton. Da der Nistkasten in jedem Frühjahr geleert werden muss, kann man den Deckel dann einfach abnehmen.
- Die Einschlupfröhre lässt sich aus zusammengerollter Dachpappe herstellen; sie kann aber auch aus einem entsprechenden Tonrohr bestehen.

Standort und Wartung

Der Kasten wird mit Nistmaterial gefüllt (Holzwolle, Moos, Material aus Mäusenestern) und an einer trockenen und erhöhten Stelle, die man nicht häufig betreten muss, im Garten vergraben. Die Erdschicht über dem Kasten ist zehn bis fünfzehn Zentimeter dick. Rund um das Einflugloch lässt man am besten ein paar Steine in den Erdboden ein, damit es nicht überwachsen wird.

Nistmaterial

Wie schon beim eingegrabenen Blumentopf beschrieben, sollte man den Einschlupf mit einer Steinplatte oder einem Dachfirstziegel gegen Wind und Regen schützen (siehe Seite 74). Achtung: Auch bei dieser unterirdischen Nisthilfe muss man den Standort sehr sorgfältig wählen, damit kein Wasser in den Kasten eindringen kann – steht Wasser im Kasten, ertrinken die Hummeln!

Der Kasten sollte spätestens Anfang März bezugsfertig im Garten platziert sein. Einmal jährlich, im Winter, wird der Kasten gründlich und schadstofffrei gereinigt und mit neuem Nistmaterial gefüllt.

Oberirdische Nisthilfen

Ausschließlich oberirdisch nistet die Baumhummel. Auch die Wiesenhummel bevorzugt Hohlräume über der Erde. Mit selbst gebauten oberirdischen Nistkästen stellt man diesen Hummelarten wie auch Acker-, Garten- oder Steinhummeln geeignete Nisthöhlen zur Verfügung. Oberirdische Nistkästen schützen Hummelnester besser vor Regen und Überflutung als unterirdische Nisthilfen.

Baumhummel

Bombus hypnorum ericetorum

Wie die Ackerhummel ist auch die Baumhummel eine weit verbreitete Hummelart und eine Kulturfolgerin. Sie ist in Wäldern, Parks und Gärten, auf städtischen Friedhöfen, Wiesen oder Äckern zu finden.

Die Arbeiterinnen haben eine Körpergröße von acht bis achtzehn Millimetern und sind meist bienenartig gefärbt. Es gibt aber auch große Farbunterschiede und gelegentlich sieht man fast schwarze Tiere.

Baumhummeln nisten in allen möglichen Höhlungen: in Mauerspalten oder Vogelnistkästen, unter Dachvorsprüngen, in Ställen, Scheunen oder in den Astlöchern alter Bäume. Die Nestkugeln werden aus gesammelten und vorgefundenen Materialien wie Tierhaaren oder Pflanzenfasern mit Hilfe der Mundwerkzeuge und Beinkrallen gefertigt. Der Hummelstaat kann im Laufe eines Sommers auf bis zu vierhundert Hummeln anwachsen.

Trachtpflanzen: *großes Spektrum: Heckenkirsche, Rosengewächse, Weiden, Linden, Himbeeren, Johannisbeeren, Taubnesseln, Wicken und andere.*

Nisthilfen: *oberirdische Nistkästen, Scheunen, Ställe, Schuppen, Dachstühle und Gartenhäuser mit Einlass und einem Angebot an Nistmaterial (Stroh, Heu, Strickwolle, Holzwolle, Moos und Ähnliches).*

Dunkle Erdhummel

Bombus terrestris

Die Dunkle Erdhummel ist mit vierundzwanzig bis achtundzwanzig Millimeter Körperlänge relativ groß. Sie hat an Kopf und Hinterleib braungelbe dunkle Streifen. Die Weibchen verlassen im März oder April ihre Winterverstecke und stärken sich mit Nektar von blühenden Weidenkätzchen, ehe sie mit dem Nestbau beginnen.

Die Dunkle Erdhummel kommt im Flachland ebenso wie im Hügelland und Hochgebirge vor. Man findet sie auf Waldlichtungen und Wiesen, an Böschungen und Wegrändern. Als Kulturfolgerin besiedelt sie aber auch Gärten und Parks und sucht hier nach Nistmöglichkeiten unter Hecken oder Gebüschen.

Die Nester werden bevorzugt in alten Mäusenestern im Boden angelegt, mitunter dient aber auch ein Strohballen oder ein Heuhaufen in einer Scheune als Nistplatz. Sobald die Königin ihren Hummelstaat gegründet hat, versucht sie Feinde davon fernzuhalten, indem sie zum Schein weiter nach einem Nistplatz sucht. Ein Volk der Dunklen Erdhummel kann am Ende des Sommers zuweilen aus bis zu sechshundert Hummeln bestehen.

Wenn man sich den Eingang zum Nest des Hummelstaates am frühen Morgen genauer betrachtet, sieht man dort mitunter eine einzelne Hummel stehen, die unentwegt mit den Flügeln schwirrt und einen tiefen Brummton erzeugt. Es ist ein Hummeltrompeter, dem man früher nachsagte, er habe die Aufgabe, sein Volk zu wecken. Die Hummel am Eingang hat jedoch die Funktion eines Ventilators, indem sie die während der Nacht verbrauchte Luft im Nest durch Frischluft ersetzt.

Trachtpflanzen: *alle Weidenarten, Weißklee, Rotklee, Fingerhut, Goldregen, Wicken, Taubnesseln und andere.*

Nisthilfen: *Hummelnistkästen, Stroh- und Heulager in Scheunen, Ställen oder Schuppen.*

Einfacher oberirdischer Hummelnistkasten

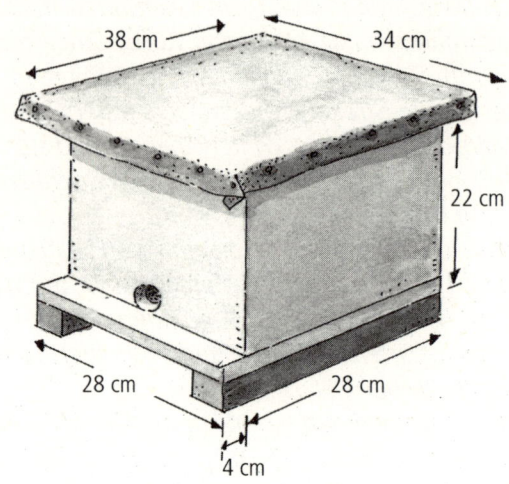

Baumaterial

- Dachplatte: 1 Brett 38 cm × 34 cm, 2 cm stark
- Bodenplatte: 1 Brett 32 cm × 28 cm, 2 cm stark
- Seitenwände: 2 Bretter, jeweils 28 cm × 20 cm, 2 cm stark; 2 Bretter, jeweils 24 cm × 20 cm, 2 cm stark
- Deckel-Randleisten: 2 schmale Leisten, jeweils 24 cm lang
- Dachpappe: etwa 42 cm × 38 cm
- Nägel oder Schrauben zum Zusammenbau der Holzteile
- Nägel zum Befestigen der Dachpappe
- Füllmaterial: Kleintierstreu oder Holzwolle; Moos, Polsterwolle, altes Mäusenest

Holz

Verwenden Sie ungehobelte Bretter aus Tannen-, Kiefern- oder Lärchenholz.

Dieser Kasten hat eine Länge von 32 cm, eine Breite von 28 cm und eine Höhe von 24 cm. Der Kasten ist rundum geschlossen und hat einen Deckel.

Bauanleitung

- Für die jährliche Reinigung muss das überstehende Kastendach abnehmbar sein, es darf sich aber nicht seitlich verschieben. Sie müssen also an die Innenseite des Deckels zwei kleine Randleisten nageln. Der Kastendeckel wird mit Dachpappe belegt, die an den Kanten umgeschlagen und festgenagelt wird.
- Das Bodenbrett und die Seitenwände werden nach dem Zuschneiden zusammengenagelt oder zusammengeschraubt.
- Bohren Sie in eine Seitenwand ein Anflugloch mit höchstens zwei Zentimeter Durchmesser – manche Hummelarten bevorzugen kleinere Einschlupflöcher mit einem Durchmesser von etwa eineinhalb Zentimetern.

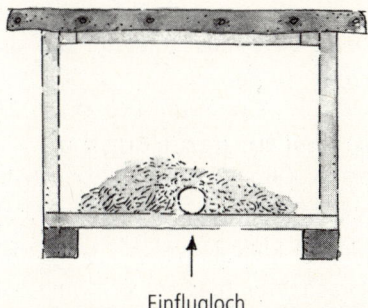

Einflugloch

Standort und Wartung

Zunächst wird etwas Kleintierstreu oder Holzwolle auf dem Kastenboden ausgebreitet. Darauf kommt das Nistmaterial: Moos, Polsterwolle oder ein altes Mäusenest. Wenn man Nistmaterial mit Mäusegeruch zur Verfügung hat, sollte man etwas davon vor dem Einflugloch ausstreuen, um Hummeln anzulocken.

Die einfache Nisthilfe lässt sich gut an einer wettersicheren sonnigen Stelle auf der Terrasse oder dem Balkon in Bodennähe aufstellen. Das Einflugloch zeigt nach Osten. Der Kasten wird im Winter gründlich und schadstofffrei gereinigt und mit neuem Nistmaterial gefüllt. Ende Februar sollte diese Arbeit beendet sein.

Oberirdischer Hummelnistkasten mit Vorbau

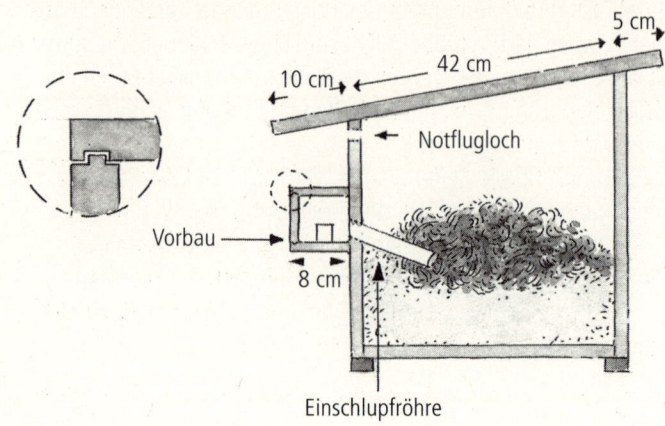

Einschlupfröhre

Holz

Verwenden Sie ungehobelte Bretter aus Tannen-, Kiefern- oder Lärchenholz.

Baumaterial für den Hauptbau

- Dachplatte: 1 Brett 52 cm × 57 cm, 2 cm stark
- Bodenplatte: 1 Brett 42 cm × 42 cm, 2 cm stark
- Rückwand: 1 Brett 42 cm × 42 cm, 2 cm stark
- Vorderwand: 1 Brett 42 cm × 37 cm, 2 cm stark
- Seitenwände: 2 Bretter, jeweils 40 cm × 42 cm, 2 cm stark, eine 40-cm-Länge auf 35 cm abgeschrägt (siehe Bauplan)

Die Oberkanten der Rückwand und der Vorderwand müssen mit einer Raspel entsprechend der Dachneigung angeschrägt werden.

Baumaterial für den Vorbau

- Dachplatte: 1 Brett 8 cm × 15 cm, 1 cm stark
- Bodenplatte: 1 Brett 8 cm × 15 cm, 1 cm stark
- Vorderwand: 1 Brett 8 cm × 6 cm, 1 cm stark
- Seitenwände: 2 Bretter, jeweils 6 cm × 7 cm, 1 cm stark

Sägen Sie an einer Vorbau-Seitenwand unten, mittig eine Einlassöffnung von 2 × 2 cm heraus.

Außerdem

- Deckel-Randleisten: 2 schmale Bretter, jeweils etwa 42 cm lang
- Dachpappe: 57 cm × 62 cm
- Papprohr: Innendurchmesser 2 – 2,5 cm
- Nägel zum Befestigen der Dachpappe
- Nägel oder Schrauben zum Zusammenbau der Holzteile
- gegebenenfalls: 1 Scharnier, 1 Verschlusshaken mit Öse
- Füllmaterial: Kleintierstreu oder Holzwolle; Moos, Polsterwolle, altes Mäusenest

Bauanleitung

- Das Bodenbrett, die Rückwand und die Seitenwän-
de des Hauptbaus wer-
den nach dem Zuschnei-
den zusammengenagelt
oder zusammengeschraubt.

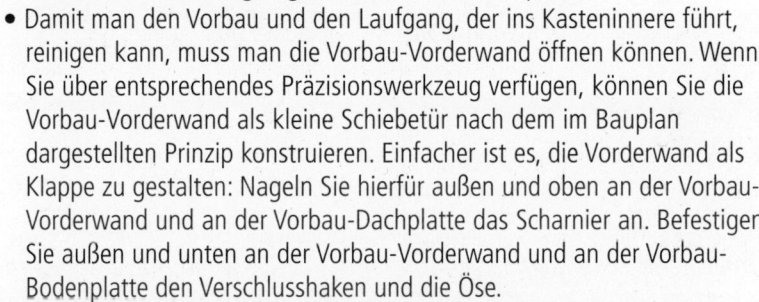

- In die Vorderwand bohren Sie
ein Einflugloch mit zwei
Zentimeter Durchmesser.
Vor dieser Öffnung befestigen Sie
den zuvor zusammengefügten Vorbau (siehe Bauplan).
- Damit man den Vorbau und den Laufgang, der ins Kasteninnere führt, reinigen kann, muss man die Vorbau-Vorderwand öffnen können. Wenn Sie über entsprechendes Präzisionswerkzeug verfügen, können Sie die Vorbau-Vorderwand als kleine Schiebetür nach dem im Bauplan dargestellten Prinzip konstruieren. Einfacher ist es, die Vorderwand als Klappe zu gestalten: Nageln Sie hierfür außen und oben an der Vorbau-Vorderwand und an der Vorbau-Dachplatte das Scharnier an. Befestigen Sie außen und unten an der Vorbau-Vorderwand und an der Vorbau-Bodenplatte den Verschlusshaken und die Öse.
- Als Laufgang verwendet man ein Papprohr. Dieses Papprohr wird im Inneren des Hauptbaus vor dem Einflugloch fixiert.
- Um die jährliche Reinigung des Kastens zu erleichtern, kann man einen Pappkarton im Hauptbau unterbringen, der möglichst an allen vier Wandseiten des Holzkastens anschließt (aber auch etwas kleiner sein

kann – je nach Art benötigen die Hummelvölker unterschiedlich viel Platz) und gegebenenfalls einfach erneuert werden kann. Wo das Papprohr in den Pappkarton führt, schneidet man ein entsprechendes Loch hinein und versieht den Pappkarton zusätzlich mit einem Notflugloch.

- Das überstehende Dach des Hauptbaus muss abnehmbar sein, darf jedoch nicht verrutschen. Nageln Sie deshalb zwei schmale Holzleisten an die Innenseite des Holzdeckels.

Der **Vorbau** am Hummelnistkasten soll vor allem verhindern, dass Mäuse, Käfer, Wachsmotten oder Kuckuckshummeln eindringen können.
Die Königinnen einiger Hummelarten wühlen während der Nestgründung zuweilen so sehr im Nistmaterial (Polsterwolle oder Moos), dass sie sich die Zugänge zum Flugloch oder das Flugloch selbst verstopfen, nicht mehr herausfinden und umkommen, wenn der Kasten kein **Notflugloch** hat.
Das Zuwühlen des Flugloches kann nur in den ersten Tagen vorkommen, spätestens fünf Tage nach der Nestgründung sollte das Notflugloch verschlossen werden, damit unerwünschte Arten wie Wachsmotten, fremde Hummelarten oder Kuckuckshummeln nicht in den Kasten gelangen können.

Standort und Wartung

Der Nistkasten mit Vorbau lässt sich gut an einer wettersicheren sonnigen Stelle auf der Terrasse oder dem Balkon in Bodennähe aufstellen. Das Einflugloch zeigt nach Osten.
Der Kasten wird im Winter gründlich und schadstofffrei gereinigt und mit neuem Nistmaterial gefüllt. Ende Februar sollte diese Arbeit beendet sein.

Schmarotzerhummel der Erdhummel (Keusche Schmarotzerhummel)

Psithyrus vestalis

Schmarotzer- oder Kuckuckshummeln sind entwicklungsgeschichtlich aus den echten Hummeln hervorgegangen und sehen auf den ersten Blick genau wie diese aus.

Beim sehr genauen Betrachten erkennt man aber, dass an den Hinterbeinen der Weibchen von Schmarotzerhummeln die nötigen Körbchen zum Einsammeln von Pollen fehlen. Außerdem sind Schmarotzerhummeln am Hinterleib weniger behaart als echte Hummeln, und sie besit-

zen einen festen Chitinpanzer, der sie bei Auseinandersetzungen mit ihren Wirten schützt.

Schmarotzerhummeln kommen in Mitteleuropa mit neun schwer zu unterscheidenden Arten vor. Allen gemeinsam ist, dass sie nach Art eines Kuckucks ihre Eier in das fertige Nest einer bestimmten Wirtshummelart legen und dort ihren Nachwuchs aufziehen lassen. Damit der Betrug nicht auffällt, sind viele Schmarotzerhummeln durch ihr Haarkleid und die Körperzeichnung kaum von ihren Wirten zu unterscheiden.

Das Einschmuggeln von Eiern in ein fremdes Nest ist für das Weibchen der Schmarotzerhummel eine heikle Angelegenheit. Deshalb unternimmt es erst einmal Erkundungsflüge, bis ein geeigneter Nistplatz gefunden ist. In der Regel schleicht es sich zu einem Zeitpunkt, an dem gerade die ersten Arbeiterinnen geschlüpft sind, in die Bruthöhle ihrer Wirte ein, versteckt sich dort einige Zeit und drückt sich an den Waben herum, bis es den typischen Nestgeruch angenommen hat. Da es selbst nicht zur Wachsproduktion befähigt ist, zerstört es einige Einäpfchen, die im Nest vorhanden sind, formt daraus eigene Brutzellen und legt darin seine Eier ab. Wird das Weibchen bei seinem Betrug erkannt und angegriffen, ist es durch seinen besonders starken Chitinpanzer bestens geschützt. Zudem besitzt es einen ziemlich langen, nach oben gebogenen Wehrstachel, sodass es bei Auseinandersetzungen mit seinen Wirten nur selten unterliegt.

Aus den Eiern von Schmarotzerhummeln entwickeln sich ausschließlich Geschlechtstiere, also Männchen und Weibchen, die für die Arterhaltung sorgen, und keine Arbeiterinnen. Den Winter überleben nur die vorher befruchteten Weibchen in ihren Winterverstecken, während die Männchen im Herbst sterben.

Trachtpflanzen: Flockenblumen, Löwenzahn, Disteln, Weißdorn und andere.

Ackerhummel, Dunkle Erdhummel und Steinhummel (von links nach rechts)

Hornissenkasten

Die Hornisse *(Vespa crabro)* gehört wie die Gewöhnliche Wespe, die sich auf unserem Marmeladenbrötchen niederlässt, zu den sozialen, Staaten bildenden Faltenwespen *(Vespidae)*.

Der Bau kunstvoller Papiernester ist allen sozialen Wespen gemeinsam

Alle Staaten bildenden Wespen bauen kunstvolle Papiernester aus verrottetem Holz oder anderen Pflanzenstoffen, die sie mit Speichel vermischen. Manche Wespenarten wie die Deutsche Wespe oder die Norwegische Wespe haben eine Neigung zu gigantischen Bauten. Hinter der runden Schutzhülle, die sie aus Holzmaché errichten, können sich zuweilen bis zu fünfzigtausend Wespen in verschiedenen Entwicklungsstadien verbergen.

Der Hornissenstaat – ein Königreich hinter hauchdünnen Fassaden aus Papier

Die Gründung eines Hornissenstaates beginnt wie bei den Gewöhnlichen Wespen im späten Frühjahr mit einem geschlechtsreifen Weibchen, das im Herbst befruchtet wurde und den Winter in einem geschützten Versteck überlebt hat. Bei der Paarung hat es so viel Sperma aufgenommen und in einem besonderen Organ lebensfähig erhalten, dass es für sein ganzes, den Sommer über währendes Leben reicht.

Dieses Weibchen wird die Königin eines neuen Staates sein, zunächst aber sind keine Untertanen da, die ihm bei der Errichtung des Reiches behilflich sein könnten. Deshalb sucht das Weibchen zunächst einen geeigneten Nistplatz in Baumhöhlen, Holzschuppen, Nistkästen oder auf Dachböden. Um Baumaterial zu gewinnen, raspelt es kleine Fasern von abgestorbenem Holz, vermischt sie mit klebrigem Speichel, formt einen kleinen Zapfen und klebt ihn an die Decke des Nistplatzes. An diesem Zapfen aus Holzmaché werden zunächst vier Brutzellen kreuzförmig angelegt und bald darauf vier Eier in die Brutzellen abgelegt. Gleichzeitig muss sich die Königin ohne Staat um den weiteren Ausbau des Nestes kümmern. Sie formt weitere Brutzellen aus Holzteig und beginnt, die mehrschichtige, wärmende und schützende Außenhülle um die Brutzellen aufzubauen, während bereits die ersten Larven mit ihren

Oberkiefern fordernd an den Zellwänden kratzen. Sobald sie geschlüpft sind, wollen sie gefüttert werden, zunächst mit Drüsensekreten. Dann brauchen sie tierisches Kraftfutter: hauptsächlich Fliegen oder Forstschädlinge wie Raupen der Kiefernbusch-Hornblattwespe oder des Eichenwicklers, aber auch Wespen, Bienen oder Spinnen. Wissenschaftler haben errechnet, dass ein starkes Hornissenvolk – es kann aus maximal tausend Tieren bestehen – täglich bis fünfhundert Gramm tierische Beute an seine Brut verfüttert.

Zunächst entwickelt sich der Hornissenstaat nur sehr langsam, denn die Königin muss weiter allein die Nahrung für den Nachwuchs heranschaffen. Gleichzeitig legt sie etagenförmig neue Brutzellen an und vervollständigt die schützende Außenhülle. Nachdem die Larven drei Wochen lang gefüttert wurden, spinnen sie sich in einen Kokon ein und verharren darin weitere drei Wochen, bis ihre Metamorphose abgeschlossen ist. Sie haben sich zu Hornissenweibchen mit verkümmerten Eierstöcken entwickelt, ihre Rolle als Arbeiterinnen ist genetisch vorbestimmt.

Die Arbeiterinnen übernehmen jetzt mehr und mehr die Bauarbeiten am Nest und die Fütterung der Larven, und die Königin kann sich schließlich ganz aufs Eierlegen konzentrieren. Je größer das Hornissenvolk wird, desto schneller wächst das Hornissennest aus Holzmaché und desto mehr Larven können in ihm aufgezogen werden.

Im Herbst kann ein Hornissenstaat aus mehreren hundert Tieren bestehen. In den Brutkammern entwickeln sich dann nur noch geschlechtsreife Weibchen und stachellose Männchen, die sich bald paaren und für den Fortbestand der Art im nächsten Sommer sorgen. Mit den ersten Frösten sterben die Arbeiterinnen und Männchen des Hornissenvolkes ab, nur die befruchteten Weibchen überwintern. Das alte Hornissennest, das mühsam aus Holz und Speichel errichtet wurde, wird nicht wieder bezogen und irgendwann zerfallen.

Im Frühjahr legen die befruchteten Weibchen Nester an anderen Stellen an und gründen neue Staaten.

Hornissenkasten

(Modell nach M. Waldschmidt
und H. H. von Hagen)

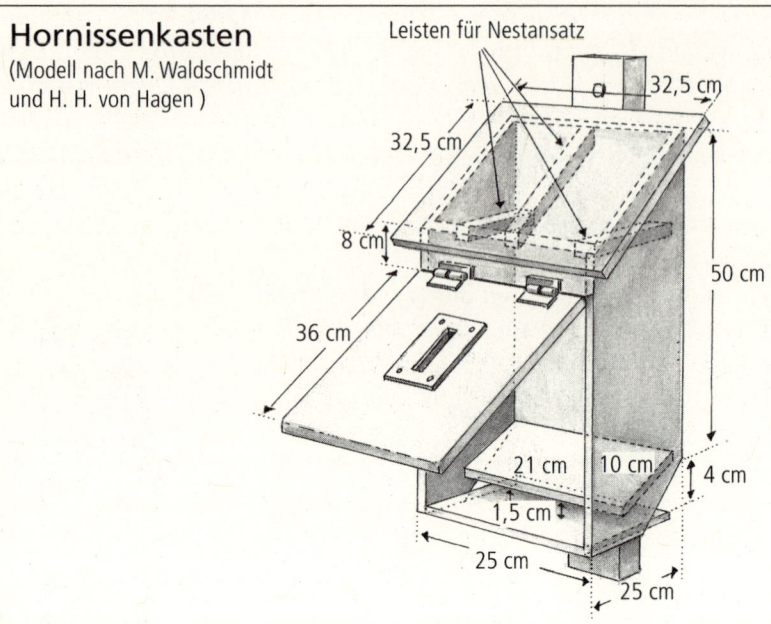

Leisten für Nestansatz

32,5 cm

32,5 cm

8 cm

50 cm

36 cm

21 cm   10 cm   4 cm

1,5 cm

25 cm

25 cm

Baumaterial

- Rückwand: 1 Brett 50 cm × 21 cm, 2 cm stark
- Dachplatte: 1 Brett 32,5 cm × 32,5 cm, 2 cm stark
- Seitenwände: 2 Bretter, jeweils 54 cm × 25 cm, 2 cm stark, eine Länge auf 44 cm abgeschrägt (siehe Bauplan)
- Vorderwand: 1 Brett 25 cm × 36 cm, 2 cm stark; 1 Brett 25 cm × 8 cm, 2 cm stark
- Bodenplatten: 1 Brett 21 cm × 22 cm, 2 cm stark; 1 Brett 21 cm × 10 cm, 2 cm stark
- für den Nestansatz: 3 raue Leisten, jeweils 1,5 cm × 25 cm, 1,5 cm stark
- Latte zum Aufhängen des Kastens: 8 cm × 80 cm, 4 cm stark
- 2 Scharniere für die Vorderwand
- 1 Verschlusshaken mit Öse für die Vorderwand
- dünner Blechstreifen·für den Einflugschlitz
- Dachpappe: 39 cm × 39 cm
- Nägel oder Schrauben für den Zusammenbau der Holzteile
- Nägel zum Befestigen der Dachpappe

Holz

Verwenden Sie ungehobelte und unbehandelte Bretter aus Fichten-, Kiefern- oder Lärchenholz.

Bauanleitung

- Zunächst sägen Sie die Teile zurecht.
- Dann nehmen Sie sich die Tür vor und zeichnen etwas oberhalb der Mitte den eineinhalb Zentimeter breiten und zwölf Zentimeter langen senkrechten Einflugschlitz mit einem weichen Bleistift an. Mit einem Holzbohrer werden jetzt einige Löcher innerhalb des gezeichneten Schlitzes gebohrt. Dann wird der Schlitz mit einer Laub- oder Stichsäge gesägt und gegebenenfalls mit einer Raspel nachgearbeitet.
- Mit dem Blechstreifen, der als Spechtschutz dient, wird ähnlich verfahren. Zunächst bohren Sie mit einem Metallbohrer einige Löcher, dann benutzen Sie eine Stichsäge mit einem Metallblatt und erledigen schließlich die Feinarbeiten mit einer Feile. Danach wird der Blechstreifen zurechtgeschnitten, und die Blechkanten werden mit einer Feile entgratet.
- Wenn der Spechtschutz angenagelt ist, kann der Zusammenbau beginnen.
- Die rauen Holzleisten an der Dachinnenseite und an den Seiteninnenwänden erleichtern die Befestigung der ersten Wabe und stabilisieren das größer werdende Nest.
- Der Boden des Kastens besteht aus einem schräg an der Rückwand angesetzten Brett und einem rechtwinklig zwischen den Seitenwänden und der Vorderwand eingespannten Brett. Zwischen den beiden Brettern befindet sich ein Abfallschlitz von etwa eineinhalb Zentimeter Breite. Diese Öffnung kann man mit etwas Moos abdecken, um Zugluft zu vermeiden.

Standort und Wartung

Der Kasten wird in etwa vier Meter Höhe möglichst an Laubbäumen in Parks oder großen Naturgärten aufgehängt. Hornissen nehmen Nisthilfen aber auch in Höhen von bis zu zehn Metern über dem Erdboden an. Das Flugloch sollte in Richtung Nordost bis Südost sehen.

Das alte Nest wird erst im kommenden Frühjahr aus dem Kasten entfernt, da Hornissenköniginnen, Florfliegen, Marienkäfer oder andere Insekten darin überwintern (siehe auch Seite 90).

Platzierung des Hornissenkastens

Ein Hornissen-
kasten sollte
niemanden
stören

Um Störungen oder Provokationen der Hornissen durch Menschen zu verhindern, sollte die Aufhängestelle eines Hornissenkastens nicht auffällig sein. Auch aus Gründen der Rücksichtnahme auf die Angst vieler Menschen vor den großen Tieren sollte man den Kasten möglichst hoch, unauffällig und nicht in der Nähe von einem Kinderspielplatz oder Nachbars Terrasse aufhängen. Die Insekten brauchen jedoch freien Anflug zu ihrer Niststätte. Äste oder Zweige vor dem Kasten stören sie. Damit es nicht zu tödlichen Revierkämpfen kommt, darf sich kein weiteres Hornissennest im Umkreis von hundert Metern befinden.

Verschiedene Hersteller von Naturschutzprodukten bieten fertige Nistkästen für Hornissen an (siehe Seite 155). Holzbetonkästen beispielsweise sind witterungsunempfindlich und zeichnen sich durch lange Haltbarkeit aus.

Solitärwespen

Neben
Wildbienen
ziehen auch
solitäre Wespen
in die Nist-
hilfen ein

In unseren Nisthilfen, die wir den Wildbienen zur Verfügung stellen, werden auch einige solitäre Wespenarten Einzug halten. Viele von ihnen leben parasitisch wie etwa Erzwespen *(Chalcididae)*. Andere wie Grabwespen *(Sphecidae)* oder Wegwespen *(Pompilidae)* betreiben eine eigene Brutfürsorge, das heißt, für die Larvennahrung sorgen einzeln lebende Weibchen.

Goldwespen

Chrysididae

Goldwespen fallen sofort durch ihre leuchtenden Körperfarben auf, die blau, grün, rot oder golden sein können.

Die prachtvoll gefärbten Insekten, von denen es etwa hundert Arten in Mitteleuropa gibt, führen eine parasitische Lebensweise. Viele Arten schmuggeln ein Ei in das Nest einer einzeln lebenden Wespe oder Biene. Sobald die Goldwespenlarven geschlüpft sind, fressen sie die Wirtslarven oder auch die Nahrungsvorräte des Nestinhabers. Um möglichen Angriffen ihrer Wirte zu entgehen, können sich Goldwespen blitzschnell zusammenrollen. So sind ihre weichen Bauchteile geschützt, und durch die harte Außenseite kann kein Stachel dringen. Dem wütenden Nestinhaber bleibt als einzige Abwehrmaßnahme, die Goldwespenkugel an den Flügeln zu packen und aus der Brutröhre zu zerren.

Brackwespen

Braconidae
Brackwespen sind in der Regel nur vier bis fünf Millimeter lang und kommen in Europa mit etwa zweitausend Arten vor. Die Weibchen legen ihre Eier in Wirtslarven ab, insbesondere in solche, die als schädlich gelten. Dazu gehören die als »Holzwürmer« bezeichneten Larven der Pochkäfer oder die Raupen des Kohlweißlings.

Viele Brackwespenarten werden zur biologischen Schädlingsabwehr eingesetzt.

Blattwespen

Tenthredinidae
Blattwespen haben keine schmale Taille, keinen Wehrstachel und leben einzeln. Obwohl sie nicht stechen können, sind viele Blattwespenarten wespenartig gelbschwarz gebändert und täuschen damit eine Gefährlichkeit vor, die nicht vorhanden ist (Mimikry). Es gibt auch unscheinbar gefärbte Arten, ebenso wie leuchtend rot, grün oder gelb gefärbte Arten mit unterschiedlichsten Zeichnungen. Blattwespenweibchen legen ihre Eier in Pflanzen ab.

Die Larven haben eine Ähnlichkeit mit Schmetterlingsraupen, ernähren sich von Blättern und sind fast immer auf bestimmte Nahrungspflanzen spezialisiert.

Schlupfwespen

Ichneumonidae

Schlupfwespen sind nur unwesentlich größer als Brackwespen und kommen in Europa mit rund sechstausend schwer zu unterscheidenden Arten vor. Wie bei den Brackwespen greifen die Weibchen der Schlupfwespen Larven und Puppen von Faltern, Fliegen oder Käfern, stechen sie an und legen ihre Eier hinein.

Auch Schlupfwespen erfüllen im Ökosystem die wichtige Aufgabe von Regulatoren.

Gallwespen

Cynipidae

Gallwespen sind unscheinbar dunkel gefärbt und nur wenige Millimeter groß. Die meisten Arten legen ihre Eier in Eichenblättern ab, wodurch die jeweils arttypisch ausgebildeten Galläpfel entstehen. Die Galle bietet der Larve Schutz und ernährt sie.

In der meist rundlichen Galle entwickeln sich aber nicht immer nur die Larven von Gallwespen, denn wie andere Arten werden auch Gallwespen oft von parasitischen Erz- oder Schlupfwespen heimgesucht, sodass aus mancher Galle letztlich Schmarotzer schlüpfen.

Erzwespen

Chalcididae

Unter den Erzwespen findet man vor allem metallisch glänzende, aber auch dunkel gefärbte Arten. Viele von ihnen leben parasitär, manche auch als Sekundärparasiten, indem sie Eier oder Larven anderer parasitischer Insekten befallen.

Erzwespenarten wie die Blattlauszehrwespe werden als außerordentlich nützlich angesehen. Ihre Larven entwickeln und verpuppen sich in Blutläusen, einer Blattlausart mit rötlicher Körperfarbe, und wenn sich die fertige Wespe schließlich ins Freie nagt, bleibt von der Blutlaus nur noch die leere Hülle übrig. Deshalb werden Blattlauszehrwespen in Insektarien gezüchtet und gezielt zur biologischen Blattlausbekämpfung eingesetzt.

Zwergwespen
Mymaridae
Mit 0,2 bis 5 Millimeter Körperlänge gehören Zwergwespen zu den kleinsten fliegenden Insekten.

Ihre Larven entwickeln sich in den Eiern von Zikaden oder Rüsselkäfern. Einige Zwergwespenarten suchen sich ihre Wirte auch unter Wasser und stechen die Eier von Wasserwanzen, Libellen oder Köcherfliegen an.

Holzwespen
Siricidae

Die Weibchen von Holzwespen besitzen am Hinterleib ein ausklappbares Organ, das Bohrer und Legeröhre zugleich ist. Mit dieser harten Hohlnadel werden Gänge ins Holz gebohrt, in die dann die Eier versenkt werden. Bei der Eiablage überträgt das Holzwespenweibchen in den meist schon kränkelnden Baumstamm eine spezielle Pilzart, welche die Zersetzung des Holzes zusätzlich beschleunigt. Die geschlüpften Larven leben stets in Symbiose mit diesem Pilz und brauchen ihn nach derzeitigem Wissensstand für ihre Entwicklung.

Wegwespen
Pompilidae
Charakteristisch für Wegwespen sind ihre auffällig langen Fühler und Beine.

Alle Arten fangen Spinnen und lähmen sie durch einen Stich ins Nervensystem. Dann schleifen sie das sperrige Wirtstier zu ihrer Bruthöhle und legen ein Ei auf ihm ab. Die gelähmte Spinne bleibt so lange am Leben, bis die Larven schlüpfen und in der Spinne dann eine beträchtliche Portion Frischfleisch vorfinden.

Lehmflechtwand

Lehm- und Holzfassaden bieten Pelz- und Seidenbienen Nistgelegenheiten

Mit den Naturmaterialien Lehm, Stroh und Holz wurden früher Bauwerke errichtet, die Jahrhunderte überdauerten. In den löchrigen Fassaden solcher Gebäude fanden Bienen wie die Gewöhnliche Pelzbiene *(Anthophora plumipes)* oder Lehmwespen ihre Niststätten. Der Abriss solcher Gebäude wird heute oft bedauert – schließlich haben auch moderne Baustoffe ihre Nachteile – trotzdem werden die historischen Baumaterialien Lehm und Stroh kaum noch verwendet.

Eine Lehmflechtwand als Ersatz für altes Fachwerk bietet Nistmöglichkeiten und Lebensraum für Lehmbewohner.

Schornstein-Lehmwespe

Odynerus spinipes

Mit ihren gelben Hinterleibsringen erinnert die Schornstein-Lehmwespe an unsere vielleicht bekanntesten sozialen Faltenwespen, die Gewöhnliche Wespe oder die Deutsche Wespe. Die Schornstein-Lehmwespe ist aber mit einer Körperlänge von nur 10 bis 12 Millimetern deutlich kleiner als diese Wespen, kennt keinerlei soziale Bindungen und führt ein Einsiedlerdasein.

Lehmwespen kommen in Mitteleuropa mit etwa achtzig Arten vor und sind selbst für Entomologen sehr schwer zu unterscheiden, sodass es in der Vergangenheit immer wieder neue Zuordnungen gab.

Die Schornstein-Lehmwespe (Odynerus spinipes) *hat jedoch eine besonders auffällige Nestbauweise, die uns die Arterkennung wesentlich erleichtert. In einer sonnenbeschienenen Löß- oder Lehmwand graben die Weibchen einen engen Nestgang, der schräg nach unten führt. Der harte Lehm muss aber erst einmal aufgeweicht werden. Deshalb fliegt die Nestbauerin immer wieder zu einer Wasserstelle, füllt sich den Magen und kehrt dann schwer »betankt« zum Nistplatz zurück. An der Lehmwand würgt sie das Wasser aus, schabt den aufgeweichten Lehm mit ihren Kieferzangen ab, formt ihn zu kleinen Kügelchen und klebt die Kügelchen rund um den entstehenden Nesteingang an. Im Laufe der*

Bauarbeiten entsteht dann an der Lehmwand ein herunterhängendes, kunstvoll geformtes Eingangsröhrchen. Dieses filigrane Bauwerk, das an einen kleinen Wasserhahn erinnert, kann schon beim nächsten Gewitterguss wieder fortgewaschen werden, und selbst Wissenschaftler haben keine schlüssige Erklärung für seine Funktion.

Am Ende des höhlenartigen Ganges, den das Wespenweibchen mühsam in die Lehmwand gegraben hat, liegt die eigentliche Kinderstube, eine Brutkammer, an deren Decke das Weibchen ein einzelnes Ei, an einem Fädchen hängend, befestigt.

Neben dem Heranschleppen größerer Wassermengen für den Nestbau verblüfft das winzige Insekt auch bei der Beschaffung von Lebendfutter für den Wespennachwuchs durch seine Transportkapazität. Es kommt mit betäubten Beutetieren angeflogen, unter deren Gewicht es abzustürzen droht, und die es mitunter nur mit Mühe in den engen Bau zerren kann.

Sobald die gelähmte Riesenbeute dann in der Brutkammer untergebracht ist und die Lehmwespe zum nächsten Beuteflug gestartet ist, kann aber ein anderes Insekt die mühsame Arbeit der Wespenmutter zunichtemachen: Goldwespen, schillernd wie kostbare Juwelen, aber arbeitsscheu, »lungern« ständig am Bau der Lehmwespe herum. Sobald die Wespenmutter den Bau verlassen hat, verschwinden sie in der fremden Wohnung und informieren sich über den Stand der Innenarbeiten. Werden sie von der heimkehrenden Lehmwespe überrascht, rollen sie sich einfach zusammen, denn durch ihren harten Chitinpanzer sind sie unverletzbar. Es erfolgt ein unsanfter Rauswurf durch die Lehmwespe. Aber die Goldwespen fliegen unverletzt davon und versuchen ihr Glück noch einmal. Finden sie eine bereits belegte Brutkammer, hängen sie ein einzelnes Ei an die Decke und überlassen es dem Selbstlauf der Natur. Die Goldwespenlarven entwickeln sich schneller als die Larven der unfreiwilligen Wirte. Sie verzehren dann die halb erwachsene Lehmwespenlarve und die eingetragenen Nahrungsvorräte und am Ende verlässt das mühsam gegrabene Lehmwespennest ein farbenprächtiger Schmarotzer.

Nisthilfen: *freistehende Lehmflechtwand, Lehmflechtwand im Mauerwerk.*

Lehmflechtwand im Mauerwerk

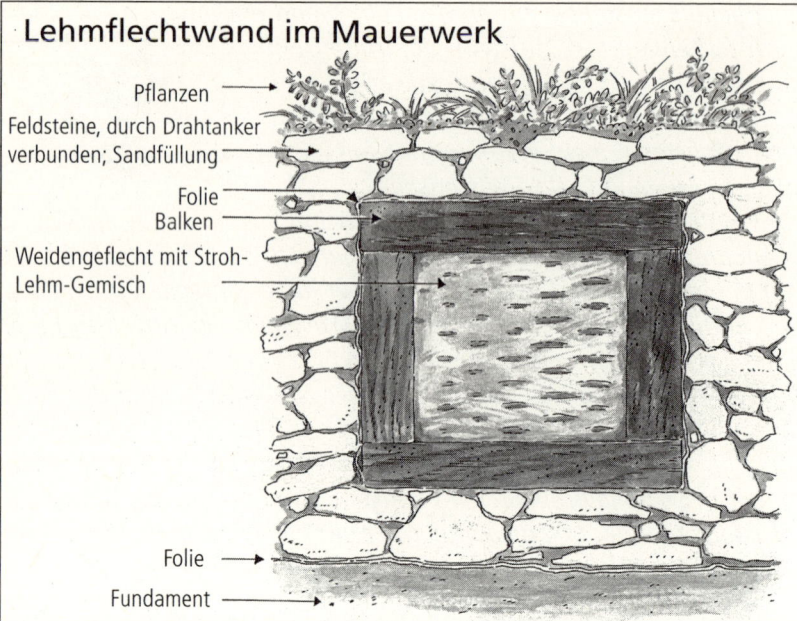

Pflanzen

Feldsteine, durch Drahtanker
verbunden; Sandfüllung

Folie
Balken

Weidengeflecht mit Stroh-
Lehm-Gemisch

Folie

Fundament

Baumaterial

Der Bau einer Lehmflechtwand ist ziemlich aufwendig. Eine solche Wand eignet sich eigentlich nur für Grundstücke, auf denen ausreichend Platz zur Verfügung steht, denn die Wand sollte eine Länge von wenigstens 2 m und eine Höhe von 1,70 m haben. Für den Bau einer Lehmflechtwand brauchen Sie:

- alte Hartholzbalken, am besten aus Eichenholz: 4 Balken, jeweils etwa 18 cm hoch und 18 cm breit. Die Länge der Balken richtet sich nach Höhe und Länge der Wand – also beispielsweise zwei Balken mit jeweils 2 m Länge und zwei Balken mit jeweils 1,70 m Länge.
- Rundhölzer: jeweils mit einem Durchmesser von etwa 2 cm und einer Länge, die sich nach der Länge der Seitenbalken richtet. Die Anzahl der Rundhölzer richtet sich nach der Länge der Wand (siehe Bauanleitung).
- 4 lange Schrauben mit Rundkopf und 4 passende Muttern: jeweils etwa 20 cm lang, Durchmesser etwa 1 cm
- Weidengeflecht, Lehm und gehäckseltes Stroh

Bauanleitung

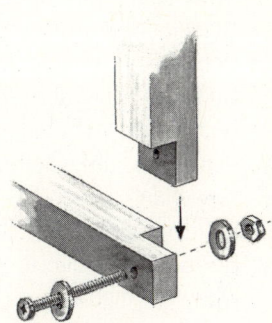

- An den Balkenenden sägen Sie neun Zentimeter tiefe würfelförmige Aussparungen heraus, sodass die Balken beim Zusammenfügen ineinandergreifen (siehe Zeichnung).
- In die Unterseite des oberen Querbalkens und die Oberseite des unteren Querbalkens bohren Sie entlang der Mittellinie Löcher im Abstand von etwa zwanzig Zentimetern. Die Bohrlöcher sind etwa fünf Zentimeter tief und haben einen Durchmesser von etwa zwei Zentimetern.
- In die Löcher stecken Sie die entsprechend angepassten Rundhölzer (an den Enden leicht konisch wie die Sprossen einer Holzleiter). Die Länge der Rundhölzer ergibt sich aus der Länge der Seitenbalken. Mit den Rundhölzern stellen Sie eine senkrechte Verbindung zwischen dem oberen und dem unteren Balken her.
- Nun fügen Sie die Balken zu einem Geviert zusammen. Die in den Aussparungen liegenden Balkenenden durchbohren Sie senkrecht zur Aussparung mit einem langen Holzbohrer, der einen Durchmesser von etwa einem Zentimeter hat. Die Balken werden dann durch die langen Rundkopfschrauben und die Muttern auf der Gegenseite verbunden. Wenn Sie über entsprechendes Werkzeug verfügen, können Sie die Balkenenden auch auf Zimmermannsart zusammenfügen und durch einen »Holznagel« miteinander verbinden.
- Die senkrechten Rundhölzer werden mit biegsamen Weidengerten verflochten, sodass innerhalb des Balkengevierts ein Zweigskelett entsteht, an dem die eigentliche Lehmwand ihren Halt findet.
- Für den Aufbau der Lehmwand rühren Sie einen Brei aus Lehm und gehäckseltem Stroh an (Verhältnis etwa 3:1). Das Auftragen der Lehmmasse erfolgt langsam von unten her.
- In die Holzbalken und den getrockneten Lehm bohren Sie zum Schluss Nistlöcher mit unterschiedlich großen Durchmessern (vier bis zehn Millimeter).
- Die Wand wird wie folgt eingebaut (siehe Seite 98).

Einbau der Lehmflechtwand in Mauerwerk

- Die Lehmflechtwand braucht ein Betonfundament von etwa fünfzig Zentimeter Tiefe. Für den Bau der Mauer eignen sich Feldsteine, Ziegelsteine oder Bruchsteine.
- Über dem Fundament wird zunächst eine Baufolie von entsprechender Größe auf einer dünnen Mörtelschicht verlegt, um das Aufsteigen von Feuchtigkeit zu unterbinden. Dann folgt die erste Steinschicht. Für den Mauerbau wird eine Mörtelmischung mit geringem Zementanteil verwendet.
- Mit dem Aufbau der Steinmauer erfolgt gleichzeitig auch der Einbau der Holzbalken für die Lehmflechtwand. Damit diese Arbeit nicht zu kniffelig wird, fügt man am besten erst den unteren Balken und die Seitenbalken zusammen und setzt sie in das sich im Aufbau befindliche Mauerwerk ein.
- Damit die Balken nicht mit dem Zementmörtel in Berührung kommen, brauchen sie außen herum eine Isolierschicht – deshalb am besten schon vor dem Einbau mit dünner Folie benageln.
- An der Mauerseite jedes Balkens werden zudem mindestens zwei Metallanker angebracht, die mit eingemauert werden.
- Sobald die Mauer hoch genug ist, werden die senkrechten Rundhölzer und der obere Balken eingesetzt. Das Einflechten der Weidengerten und das Auftragen der Lehmmasse können zum Schluss erfolgen.
- Auf dem oberen Balken wird ebenfalls eine Isolierfolie verlegt. Darauf erfolgt dann der Aufbau einer Pflanzrinne für trockenresistente Gewächse. Da für den Bau der Pflanzrinne nur schmale Steine Verwendung finden, müssen diese mit leichten Drahtankern stabilisiert werden.
- Wenn die gesamte Wand fertig und getrocknet ist, bohrt man in den Lehm, in die Holzbalken und auch in die Zementfugen zwischen den Steinen unterschiedlich große Einschlupflöcher (Durchmesser zwischen vier und zehn Millimetern). Wildbienen oder andere Insekten können sich dann die passende Wohnung aussuchen.
- Die Pflanzrinne wird mit Sand gefüllt und mit geeigneten Trockenpflanzen besetzt (siehe ab Seite 122).

Freistehende Lehmflechtwand

Das fertige Balkengeviert der Lehmflechtwand lässt sich auch freistehend aufstellen.

- Die tragenden Elemente dieser freistehenden Lehmflechtwand sind die Seitenbalken, die hierfür oben und unten vierzig Zentimeter über das Geviert hinausragen sollten. Die unteren Enden der Seitenbalken werden in Pfostenhalter gesetzt, die zuvor in ein Betonfundament eingegossen wurden.
- Die oberen Balkenenden dienen als Befestigungselemente für eine einfache Dachkonstruktion, die sich beliebig als Spitzgiebel- oder Flachdach gestalten lässt und die Lehmwand vor Regen schützt.
- Die Breitseite der Lehmflechtwand sollte nach Süden sehen. Man wählt einen sehr sonnigen, windgeschützten Platz (vor dem Bau beobachten, ob am gewählten Bauplatz Gebäude oder Bäume lange Schatten werfen und gegebenenfalls eine andere Stelle suchen).

Eine freistehende Lehmflechtwand lässt sich auch ohne Balkengeviert auf der Grundlage eines Flechtzaunes errichten. Hierfür baut man einen Flechtzaun, beispielsweise nach Art des Weidenzaunes auf Seite 127. Die tragenden Elemente bilden dünne Pfähle aus Hartholz, die unten angespitzt und mit einem Vorschlaghammer etwa fünfzig Zentimeter tief in den Boden geschlagen werden. Als Witterungsschutz bekommt der Zaun ein Dach und gegebenenfalls jeweils seitlich einen Schutz. Auf das Flechtwerk wird dann die Lehmmasse aufgetragen. Zusätzliche Wohn- und Nistmöglichkeiten für Insekten ergeben sich, wenn man hinter der Lehmflechtwand noch Äste aufschichtet oder davor eine kleine Sand- oder Kiesfläche anlegt.

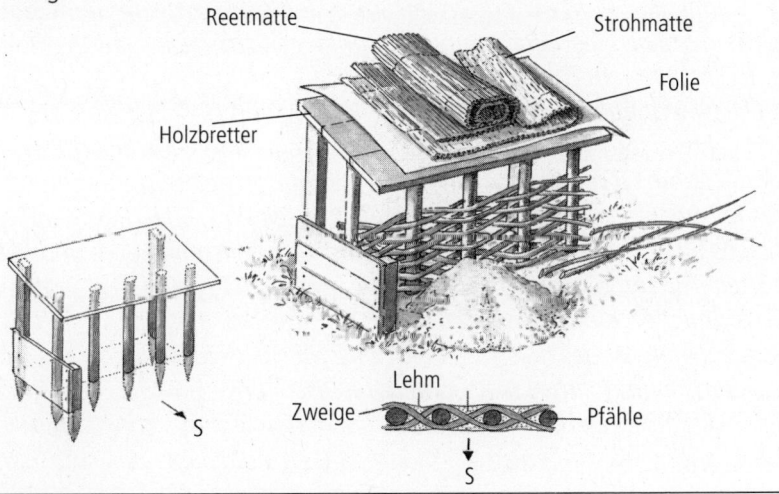

Reetmatte · Strohmatte · Folie · Holzbretter · Lehm · Zweige · Pfähle · S · S

Grabwespen

Sphecidae

Nicht alle Grabwespen graben im Boden. Viele Grabwespenarten legen ihre Nester in brüchigen Lehmwänden, Mauerritzen, Pflanzenstängeln, Schilfhalmen oder verlassenen Käferbohrlöchern an. An der Decke des gewählten Hohlraumes wird ein Ei mit einem Fädchen befestigt, und die Nachkommen werden schon vor dem Schlüpfen mit gelähmten Futtertieren versorgt. Viele Grabwespenarten sind auf ganz bestimmte Beutetiere festgelegt, nicht selten Heuschrecken oder Käferlarven von so spektakulärer Größe, dass die Wespenmutter sie nur mit Mühe in den Bau zerren kann.

Gewöhnliche Seidenbiene

Colletes daviesanus

Oberflächlich betrachtet erinnern Seidenbienen (Gattung Colletes*) mit ihrem dichten Haarpelz und den hellen Binden am Hinterleib an Honigbienen. Sie gehören gemeinsam mit den Maskenbienen zu den Urbienen (siehe Seite 47), besitzen aber im Gegensatz zu den Maskenbienen längere Haare an den Hinterbeinen zum Einsammeln von Pollen. Der Name »Seidenbiene« ist davon abgeleitet, dass die Bienen ein seidenartiges Drüsensekret als Baumaterial verwenden.*

Die schimmernde, wasserabweisende Masse dient zum Auskleiden der Gänge und zum Errichten der Brutzellen und wird von den Bienen vor dem Erstarren sorgfältig mit der Zunge geglättet. Die Gattung Colletes *ist in Mitteleuropa mit etwa zehn Arten vertreten.*

Die Gewöhnliche Seidenbiene liebt Wärme und Geselligkeit und gräbt ihre verzweigten Nistgänge am liebsten dicht unter der Oberfläche in Sand-, Lehm- oder Steinwände, die sich unter der Sonne aufheizen. Deshalb waren die Kolonien bildenden Insekten früher bei manchen Hausbesitzern ziemlich unbeliebt. In porösen Sandstein, Lehm und Kalkmörtel, früher die gebräuchlichen Baumaterialien für ein Haus, gräbt die Gewöhnliche Seidenbiene mit ihren Mundwerkzeugen bevorzugt ihre Gänge. Heute ist das massenhafte Auftreten von Seidenbienen an Hausfassaden kaum noch zu beobachten, da ihnen unsere neuen Baumaterialien wenig behagen. Die interessanten Bienen lassen sich aber mit entsprechenden Nisthilfen und Trachtpflanzen anlocken und sind dann ziemlich ortstreu. Die einmal gegrabenen Brutröhren werden in der Regel immer wieder als Kinderstube genutzt.

Trachtpflanzen: *Als Nahrungspflanzen für den Bienennachwuchs in den Brutzellen dienen Korbblütler, vor allem Rainfarn oder Schafgarbe. Andere Arten der Gattung* Colletes, *die sich nur schwer voneinander unterscheiden lassen, findet man aber auch am Natternkopf, an Thymian oder Heidekraut.*
Nisthilfen: *Lehm-, Stroh- und Lehmziegelwände, Trockenmauern.*

Gewöhnliche Pelzbiene
Anthophora plumipes
In der Unterfamilie der Pelzbienen (Anthophoridae) *finden wir sowohl Arten, die eine eigene Brutpflege betreiben, als auch parasitische Kuckucksbienen, die ihre Eier in den Brutzellen anderer Bienen ablegen.*

Die nicht parasitischen Arten erinnern mit ihrem gedrungenen Körperbau und dem dichten Haarpelz an Hummeln. Die Schmarotzerarten der Pelzbienen sind kaum behaart, ihr Körper ist schlank und zeigt oft die charakteristische gelbschwarze Hinterleibszeichnung von Wespen. In Mitteleuropa gibt es etwa hundert Pelzbienenarten, wobei die Arten mit parasitischer Lebensweise (fünfundsiebzig Prozent) überwiegen.

Die Gewöhnliche Pelzbiene ist eine der ersten Frühjahrsbienen und sucht vor allem Nektar und Pollen an Weidenkätzchen. Die Bienen graben ihre Niströhren in Kies- und Sandgruben, in Lehmwänden oder altem Mauerwerk. An geeigneten sonnigen Plätzen können die Insekten dabei große Kolonien bilden. Hinter dem Eingang der Röhre sind die Gänge meist weit verzweigt. Darin werden die Brutzellen linear oder auch ungeordnet angelegt und mit einem tonhaltigen Brei sorgsam geglättet. Als Larvennahrung werden Nektar und Pollen in die Brutzellen eingetragen und zwar zunächst die Pollen, dann der Nektar, sodass der untere Teil des Nahrungsvorrates fest, der obere Teil dünnflüssig ist.

Trachtpflanzen: *Lippenblütler und Schmetterlingsblütler werden offenbar bevorzugt, doch auch andere Arten mit reichlichem Nektar- und Pollenangebot werden besucht.*
Nisthilfen: *Lehm-, Stroh- und Lehmziegelwände, Trockenmauern.*

Lebensräume schaffen

Auf Terrasse und Balkon

Terrassen und Balkone können Naturoasen direkt vor der Tür sein

Balkone und Terrassen haben gegenüber normalen Hausgärten den Vorteil, dass man nur die Wohnzimmerschwelle überschreiten muss, um ein Stück lebendiger Natur zu erleben, sie sind Naturoasen direkt vor der Tür – wenn man es nur will.

Nahezu jeder Balkon und jede Terrasse eignen sich als Kleinstgärten, die nach den gleichen jahreszeitlichen Gesetzen funktionieren wie jeder andere Garten. Dabei ist es egal, ob sie in ländlicher Umgebung oder im zehnten Stockwerk eines Hochhauses mitten in einer Großstadt liegen. Wenn man sich mit den Möglichkeiten, eine Terrasse oder einen Balkon zu bepflanzen, näher befasst, wird man erstaunt sein, wie viele Gewächse in Gefäßen aller Art gedeihen können. Außerdem wird man erkennen, dass ein Balkon- oder Terrassengarten überhaupt nicht eintönig sein muss. Er lässt sich als Freiluftinsektarium gestalten, als Gemüsegarten, Obstgarten oder Kletterpflanzengarten und bietet sogar Platz für eine kleine Blumenwiese.

Auch Gemüse-, Obst- und Kletterpflanzen gedeihen auf dem Balkon

Viele Gemüsesorten und Küchenkräuter, Obstgehölze oder Fassadenkletterer, die sich auf einem Balkon oder einer Terrasse ziehen lassen, sind gleichzeitig eine gute Nahrungsquelle für pollen- und nektarsuchende Bienen und Hummeln. Für diese Insekten ist das Blütenangebot in der Natur sehr kümmerlich geworden, sodass attraktive Blüteninseln auf dem Balkon oder der Terrasse zu einer Tankstelle für Blütennektar werden, an der man Wildbienen oder Schmetterlinge gebührenfrei bewundern kann. »Klassische« Balkonpflanzen wie Petunien oder Geranien stehen aber bei nektarsuchenden Insek-

Blüteninseln auf dem Balkon sind Nektarquellen für viele Insekten

ten auf der Beliebtheitsskala ganz tief unten. Das heißt allerdings nicht, dass man zugunsten der Insekten völlig auf sie verzichten muss. Man sollte sich eben nur nicht auf sie beschränken. Es gibt eine große Palette von Pflanzen, die auf vielfältigste Weise Bedeutung haben: nicht nur als farbenprächtige Blumen, sondern auch als essbare Gewächse, und zugleich als Trachtquelle für Bienen.

Je reichhaltiger unser Angebot an Nektarblumen auf dem Balkon oder der Terrasse ist, desto mehr Wildbienenarten finden sich ein. Das Gleiche gilt für Nisthilfen, die wir den Tieren anbieten. Mit einem Insektenhotel, das unterschiedlichste Wohnungsangebote wie Hohlziegel, Nisthölzer oder Halmbündel enthält, gehen wir auf ihre vielfältigen Lebensansprüche ein. Ein Insekt kann sich jeweils die Wohnung aussuchen, die ihm zusagt, diese beziehen und als Kinderstube einrichten.

Balkon und Terrasse sind günstige Standorte für ein kleines Insektenhotel

Küchen- und Gewürzkräuter

Einige für Balkon und Terrasse geeignete Kräuter stellt die Tabelle auf Seite 104 vor.

Bei der Kräuterernte sollte nur ein Teil der im Frühjahr üppig treibenden Blätter und Blütenstängel abgeschnitten werden, denn nur wenn die Pflanzen zur Blüte kommen, werden Wildbienen und andere Nektar- und Pollensammler angelockt. Das Gleiche gilt auch für viele Gemüsearten wie Lauch oder Küchenzwiebeln, die zu einer begehrten Nahrungsquelle für Solitärbienen werden, wenn man einige Pflanzen bis zur Blüte stehen lässt.

Blühende Kräuter locken Wildbienen und andere Nektarsammler an

Kletterpflanzen

Die Pflanzenliste auf Seite 106 enthält ein- und mehrjährige Kletterpflanzen, die sich für alle Formen der Balkon- und Terrassenbegrünung eignen und gleichzeitig eine gute Trachtquelle für nektar-

Küchen- und Gewürzkräuter

Deutscher Name *Botanischer Name*	Standortbedingungen	Wuchshöhe
Beinwell *Symphytum officinale*	sonnig/halbschattig, feucht, humos	30 – 100 cm
Bergbohnenkraut *Satureja montana*	sonnig, trocken	bis 30 cm
Bohnenkraut *Satureja hortensis*	sonnig, trocken	bis 30 cm
Borretsch *Borago officinalis*	sonnig/halbschattig, feucht	60 – 100 cm
Fenchel *Foeniculum vulgare*	sonnig, trocken	80 – 200 cm
Kümmel *Carum carvi*	sonnig/halbschattig, feucht	bis 120 cm
Lavendel *Lavandula angustifolia*	sonnig, trocken, durchlässiger Boden	40 – 60 cm

Deutscher Name *Botanischer Name*	Standortbedingungen	Wuchshöhe
Majoran *Origanum majorana*	sonnig, sandig/humos	40 – 60 cm
Pimpinelle *Sanguisorba minor*	sonnig, trocken, durchlässiger Boden	30 – 60 cm
Salbei *Salvia officinalis*	sonnig/halbschattig, trocken, durchlässiger Boden	40 – 70 cm
Schnittlauch *Allium schoenoprasum*	sonnig/halbschattig, feucht, sandiger Boden	10 – 20 cm
Thymian *Thymus vulgaris*	sonnig, trocken, sandiger Boden	bis 30 cm
Ysop *Hyssopus officinalis*	sonnig, trocken, kalkhaltiger Sandboden	40 – 60 cm
Zitronenmelisse *Melissa officinalis*	sonnig, humusreicher durchlässiger Boden, gegebenenfalls Winterschutz nötig	60 – 100 cm

Ein- und mehrjährige Kletterpflanzen für Balkon und Terrasse (e) einjährig, (m) mehrjährig

Deutscher Name Botanischer Name	Standort- bedingungen	Blütezeit (Monate)	Blütenfarbe	Wuchshöhe	Kletterhilfe erforderlich
Anemonenwaldrebe (m) *Clematis montana rubens*	sonnig bis halbschattig	V – VI	rosa	3 – 8 m	ja
Bittersüßer Nachtschatten (m) *Solanum dulcamara*	sonnig bis halbschattig	VI – VIII	violett	bis 2 m	ja
Blauregen (m) *Wisteria sinensis*	sonnig bis halbschattig	V – VI	blauviolett	6 – 12 m	ja
Duftwicke (e) *Lathyrus odoratus*	sonnig	VI – IX	verschieden	bis 2 m	ja
Feuerbohne (e) *Phaseolus coccineus*	sonnig bis halbschattig	VI – IX	orange	bis 4 m	ja
Flaschenkürbis (e) *Lagenaria siceraria*	sonnig	VI – IX	weiß	3 – 6 m	ja
Glockenrebe (e) *Cobea scandens*	sonnig	V – VI	blauviolett	bis 4 m	ja
Kletterbrombeere (m) *Rubus henryi*	halbschattig bis schattig	VI – IX	rosa	2 – 3 m	ja

Deutscher Name *Botanischer Name*	Standort-bedingungen	Blütezeit (Monate)	Blütenfarbe	Wuchshöhe	Kletterhilfe erforderlich
Kletterhortensie (m) *Hydrangea anomala*	sonnig bis halbschattig	VI – VII	weißgrün	6 – 10 m	bedingt ja
Knollenplatterbse (m) *Lathyrus tuberosus*	sonnig bis halbschattig	VI – VIII	karmin	bis 1 m	ja
Rotfrüchtige Zaunrübe (m) *Bryonia dioica*	sonnig	VI – VII	grünweiß	bis 3 m	ja
Trichterwinde (e) *Ipomoea purpurea*	sonnig	VI – IX	blaurot	bis 3 m	ja
Waldgeißblatt (m) *Lonicera periclymenum*	sonnig bis halbschattig	VI – VIII	weißrosa	bis 5 m	ja
Waldrebe (m) *Clematis vitalba*	sonnig bis halbschattig	V – VI	weiß	bis 12 m	ja
Wilder Wein (m) *Parthenocissus tricuspidata*	sonnig bis halbschattig	VI – VII	gelbgrün	bis 20 m	nein
Winterjasmin (m) *Jasminum nudiflorum*	sonnig bis halbschattig	I – III	hellgelb	bis 4 m	ja
Zierkürbis (e) *Cucurbita pepo convar. microcarpina*	sonnig	VII – IX	gelb	bis 5 m	ja

suchende Insekten sind. Unter den Pflanzen befinden sich auch einige fremdländische Arten wie Blauregen, Feuerbohne, Flaschenkürbis oder Glockenrebe, die wegen ihrer Blütenpracht oder ungewöhnlichen Fruchtformen bei Balkongärtnern beliebt sind und von Bienen oder Hummeln besonders häufig angeflogen werden.

Wildblumen

Eine richtige Wildblumenwiese ist eine Wiese zum Träumen

Für viele Naturgärtner ist eine richtige Wildblumenwiese die Krönung ihrer Träume. Der Weg dorthin ist aber meist mühsam und Möglichkeiten und Wünsche passen oft nicht zusammen.

Die Blumenwiese auf dem Balkon stellt den Gärtner dagegen vor keine größeren Probleme. Fast automatisch entsteht eine kleine Oase für Flora und Fauna mit ungewohnten Farbspielen und Landeplätzen für nektarsuchende Bienen, Hummeln oder Schmetterlinge. Platz für die Blumenwiese auf dem Balkon ist überall dort, wo es windgeschützt und überwiegend sonnig ist.

Kornblume, Klatschmohn und Margerite wachsen auch auf dem Balkon

Sie brauchen ein größeres Pflanzgefäß mit Abflusslöchern im Boden und füllen es mit einem Gemisch aus Sand und nährstoffarmer Erde. Samenmischungen, die bekannte Wildblumenarten wie Kornblume, Klatschmohn, Färberkamille oder Margerite enthalten, bekommen Sie in Gartencentern oder anderen Fachgeschäften. Die Samen werden von April bis Juni etwa einen Zentimeter tief im Pflanzgefäß ausgesät und müssen anschließend ständig feucht gehalten werden.

Nach etwa zwei Wochen beginnen die Samen zu keimen. Nach weiteren zwei Wochen blühen die ersten Blumen und das bunte Blumenbild auf dem Balkon wandelt sich von Monat zu Monat bis in den Herbst hinein.

Obstgehölze

Spezial-Gärtnereien und Baumschulen bieten ein reiches Sortiment an Obstgehölzen für Balkone und Terrassen mit ihrem beschränkten Platzangebot. Apfel-, Birn-, Pflaumen-, Zwetschen- oder Pfirsichbäume gibt es als Miniaturausgaben, ebenso Johannisbeer- oder Stachelbeerarten, die als Hochstämmchen gezüchtet werden und sich so für Balkonverhältnisse eignen.

Diese Obstgehölze bilden keine ausladenden Seitentriebe und brauchen deshalb keinen großen Abstand voneinander. Die langen Triebe von Brombeeren oder Himbeeren lassen sich gut an Drähten in die gewünschte Richtung leiten.

Es gibt aber auch Apfel- oder Birnensorten, die sich für Obstbaumspaliere auf dem Balkon oder der Terrasse eignen. Diese Obstgehölze brauchen eine etwas stabilere Leithilfe aus Holzlatten oder Spanndrähten und entwickeln im Laufe der Jahre sehr dekorative Wuchsformen.

Kleinwüchsige Apfel-, Birn- und Pfirsichbäume brauchen nur wenig Platz

Obstspaliere entwickeln sehr dekorative Wuchsformen

Begrünte Fassaden und Mauern

Häuser, Schuppen, Garagen, Begrenzungsmauern, Pergola oder Carport werden lebendiger durch Kletterpflanzen.

Der grüne Blattpelz ist eine Wohltat für die Augen. Er bietet Singvögeln Nistplätze und Verstecke, und seine Blüten und Früchte sind begehrte Futterquellen für Bienen, Hummeln und andere nützliche Insekten.

Manchen Hausbesitzer hält die Furcht vor Beschädigungen von einer Hausbegrünung ab. Doch wenn Putz und Mauerwerk intakt sind, gibt es zu solchen Befürchtungen keinen Anlass. Kletterpflan-

Blüten und Früchte sind Futterquellen für Bienen und andere Insekten

Der grüne Blattpelz ist Wetterschutz und eine Wohltat für die Augen

zen machen eine Wand auch nicht feucht. Ihre Wurzeln entziehen dem Boden das Wasser und halten die Sockelbereiche trocken. Das dichte Blattwerk der Pflanzen wirkt wie ein Wettermantel, der Witterungsextreme wie Hitze und Kälte oder Regen mildert und eine Fassade vor Feuchtigkeit schützt. Kletterpflanzen schaffen ein Luftpolster zwischen Mauerwerk und Blattwerk. Sie erzeugen Sauerstoff, sind Staubfilter und Schalldämpfer, und mit den grünen Senkrechtstartern endet der Garten nicht an der Hauswand. Das hochrankende Grün schafft die natürliche Verbindung zwischen Wohnraum und Garten.

Kletterpflanzen bringen aber auch mehr Wohnqualität in Außenhausbereiche, wo Beton und Asphalt das Bild bestimmen und überhaupt nichts

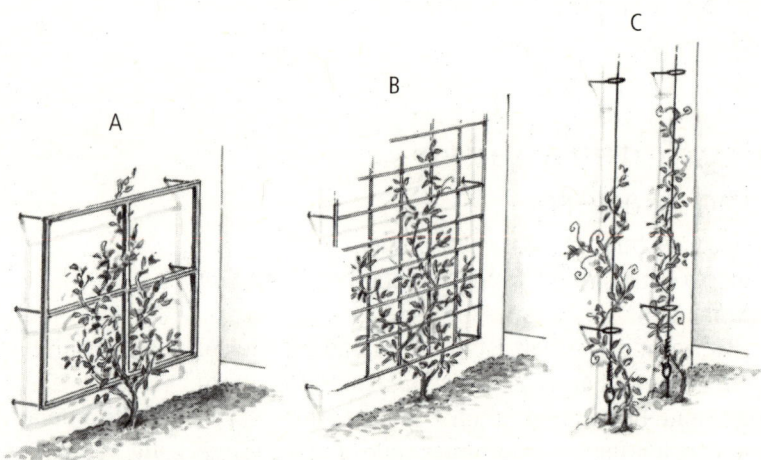

Als Rankhilfen eignen sich Holzgitter (A) oder Metallgitter (B). Rostempfindliche Metallgitter brauchen einen Anstrich zum Schutz vor Rost. Senkrecht an der Wand angebrachte Drähte brauchen eine im Boden verdübelte oder einzementierte Spannvorrichtung (C).

Mehrjährige Kletterpflanzen für Fassaden und Mauern

Deutscher Name *Botanischer Name*	Standort- bedingungen	Blütezeit (Monate)	Blütenfarbe	Wuchshöhe	Kletterhilfe erforderlich
Anemonenwaldrebe *Clematis montana rubens*	sonnig bis halbschattig	V – VI	rosa	3 – 8 m	ja
Blauregen *Wisteria sinensis*	sonnig bis halbschattig	V – VI	blauviolett	6 – 12 m	ja
Efeu *Hedera helix*	halbschattig bis schattig	VIII – X	grün, immergrüne Pflanze	bis 25 m	nein
Kletterhortensie *Hydrangea anomala peticlaris*	sonnig bis halbschattig	VI – VII	weißgrün	6 – 10 m	empfohlen
Schlingknöterich *Polygonum aubertii*	sonnig bis schattig	VII – X	weiß	bis 20 m	ja
Waldgeißblatt *Lonicera periclymerum*	sonnig bis halbschattig	VI – VIII	weißrosa	bis 5 m	ja
Waldrebe *Clematis vitalba*	sonnig bis halbschattig	V – VI	weiß	2 – 12 m	ja
Wilder Wein *Parthenocissus tricuspidata*	sonnig bis halbschattig	VI – VII	gelbgrün	bis 20 m	nein
Winterjasmin *Jasminum nudiflorum*	sonnig bis halbschattig	I – III	hellgelb	bis 4 m	ja

wächst. Grau verputzte Mauern, Wellblechgaragen, Müllboxen aus Waschbeton, hässliche Bitumendächer, Elektroschaltkästen, Regenfallrohre, Holz- oder Stahlkonstruktionen warten darauf, begrünt zu werden. Die Ranker, Schlinger oder Kletterer lassen Beton und Stahl unter ihrem dichten Blätterpelz verschwinden und machen das vormals trostlose Bild lebendig.

In naturnahen Gärten

Stein

Grundsätzlich ist die Bodenbeschaffenheit ausschlaggebend dafür, ob auf einem Boden eine Pflanzenart gedeiht oder nicht.

Im Boden nistende Wildbienen bevorzugen durchlässigen Sand

In den normalen Gartenböden mit hohem Lehm- und Humusanteil sind die Räume zwischen den einzelnen Bodenteilchen sehr eng. Der Boden neigt zur Verdichtung und ist reich an Wasser. Je wasserhaltiger ein Boden ist, desto kühler ist er und desto langsamer erwärmt er sich. Die meisten Pflanzenarten haben sich mehr oder weniger ausgeprägt an einen bestimmten Standort angepasst.

An Trockenheit und Wärme angepasste Pflanzen- und Tierarten fühlen sich im feuchten Gartenboden nicht wohl, das gilt auch für im Boden nistende Hautflügler wie Seidenbienen, Wollbienen, Blattschneiderbienen, Furchenbienen oder Grabwespen. Trockenbiotope bieten diesen Insekten geeignete Lebensräume.

Trockenmauern

Trockenmauern sind alte Gestaltungselemente in der Naturlandschaft. Sie bestehen aus sorgfältig aufeinandergeschichteten Steinen und werden ohne Bindemittel wie Zement oder Kalk gebaut.

Trockenmauern sehen nicht nur schön aus, sondern entwickeln sich auch rasch zu einem begehrten Lebensraum für Pflanzen und Tiere. Attraktive »Mauerblümchen« wie Steinnelken oder Mauerpfeffer sprießen aus ihren Ritzen. Im Bodenbereich, wo die Sonne ihre empfindliche Haut nicht austrocknen kann, haben Molche, Kröten, Salamander und Schnecken ihre Tagesverstecke. Asseln und Spinnen verbergen sich im düsteren Ganglabyrinth. Mauereidechsen nehmen ein Sonnenbad auf den erwärmten Steinen. Springspinnen entwischen in die Ritzen, wenn wir ihnen zu nahe kommen. Maskenbienen, Seidenbienen und Mauerbienen verschwinden in den Fugen und nutzen diese als Kinderstube.

Trockenmauern sind begehrte Lebensräume für viele Tiere und Pflanzen

Trockenflächen

Sandhaltige Fugen zwischen verlegten Steinplatten, Geröllbeete, Steingärten und vegetationsarme Sand- und Kiesflächen an Wegen, Plätzen oder im Sockelbereich von Gebäuden bieten Nistgelegenheiten für viele Hautflügler wie Sand- und Furchenbienen, Grab- und Wegwespen.

Alle im Boden nistenden Bienen- oder Wespenarten benötigen einen möglichst trockenen Untergrund für ihre Niströhren, Trockenheit ist die Grundvoraussetzung für die Wahl eines Brutplatzes. In Böden, wo sich Staunässe bilden kann, verpilzen die Gelege der Tiere oder die eingelagerten Pollenvorräte rasch.

Der Boden muss trocken sein, damit das Bienennest nicht verpilzt

Will man Trockenstandorte im Garten anlegen, reicht es leider nicht, auf einen nahrstoffreichen Mutterboden eine zehn Zentimeter dicke Kies- oder Geröllschicht aufzufüllen.

Alle Trockenbereiche eines Naturgartens, seien es Steingärten, Geröllbeete, Wege, Plätze oder Treppen, muss man auf einem etwa dreißig Zentimeter

Trockenmauer

Bauanleitung

Trockenmauern sind von großer Bedeutung für die Tierwelt und für uns und den Garten eine Bereicherung.

Perfektion ist beim Bau einer Trockenmauer nur insofern angebracht, als dass die Mauer am Ende stabil sein muss und nicht zusammenfallen darf. Eine labile Lage von einzelnen Steinen ist grundsätzlich zu vermeiden. Gleichzeitig müssen wir aber für Hohlräume und Lücken sorgen, weil sie Unterschlupf für Tiere bedeuten.

- Für den Bau der Trockenmauer kommen unterschiedlichste Gesteinsarten infrage: Feldsteine, Granit, Quarz, Schiefer oder alte Ziegelsteine. Man sollte sich für eine Gesteinsart entscheiden, damit am Ende kein Sammelsurium entsteht. Natursteine, die in Gartencentern angeboten werden, sind ziemlich teuer, und die Trockenmauer verschlingt eine Menge davon. Deshalb schaut man sich besser erst einmal auf Bauschuttdeponien oder bei Tiefbau- oder Abbruchunternehmen um und bekommt die Steine dort mitunter sogar zum Nulltarif.

Trockenmauer als Stützmauer: Große Steine kommen immer nach unten

Freistehende Trockenmauer

- Der beste Standort für eine Trockenmauer ist die sonnenexponierte Südseite eines Gartens. Man kann die Mauer freistehend errichten oder bei Hanglage ähnlich wie eine Stützmauer an einem Weinberg an den Hang anlehnen.
- Damit die Mauer auf sicheren Füßen steht und überschüssiges Regenwasser schnell versickern kann, hebt man am besten (in der Fläche etwas größer als die Grundfläche der geplanten Mauer) eine Grube von etwa dreißig Zentimeter Tiefe aus. Die Grube wird mit grobem Kies, Schotter oder zertrümmerten alten Dachziegeln gefüllt. Darauf kommt eine Schicht grober Sand. Die gesamte Füllschicht wird mit einem Rüttler festgestampft.
- Dann schichtet man die Steine leicht nach innen geneigt auf. Prinzipiell kommen die großen Steine nach unten, nach oben hin werden sie kleiner. Wird der nächste Stein gesetzt, prüft man sorgfältig, ob er auch richtig sitzt. Zwischendurch wird der Innenraum der freistehenden Mauer oder der hintere Teil einer Mauer in Hanglage immer wieder mit Steinbruch, Kies oder Schotter gefüllt. Die Steine müssen aber vorher schon so gesetzt sein, dass die Mauer auch ohne dieses Füllmaterial nicht wackelig ist.
- Man kann praktisch alle Nisthilfen, die witterungsbeständig sind, in die Trockenmauer einbauen: Gitterziegel oder Tonrohre mit Lehm- oder Tonfüllungen. Werden alte Bauziegel verwendet, kann man vor dem Einbau entsprechend kleine Löcher hineinbohren (mit Durchmessern von vier bis zehn Millimetern).

**Jedes
Steinbauprojekt
benötigt ein
festes Fundament**

tiefen Fundament aufbauen, und das bedeutet Schwerstarbeit, denn man muss zunächst eine ebenso tiefe Grube ausheben. Der Grund des Fundaments wird dann mit einem Rüttler festgestampft. Dann kommt das Füllmaterial in die Grube: Schotter, Steinbruch oder zertrümmerte Ziegel. Darauf folgt noch eine etwa zehn Zentimeter dicke Schicht grober Kies. Das Füllmaterial wird dann noch einmal gründlich festgestampft.

Jetzt kann man mit dem Aufbau der geplanten Anlage beginnen.

Steingärten, Geröllbeete

**Mit Terrassen
und kleinen
Mauern lassen
sich Steingärten
gliedern**

Steingärten und Geröllbeete entstehen je nach persönlichem Geschmack als flache oder hügelartig geformte Flächen unter Verwendung von Kies, Sand, Geröll oder Schotter mit einer Schichtdicke von fünfzehn bis fünfundzwanzig Zentimetern.

Bereiche, die zu monoton erscheinen, kann man durch terrassenförmig angelegte Steinmäuerchen oder mit großen Bruch- oder Feldsteinen auflockern.

Wege, Plätze, Treppen

**Im feinen
Fugensand eines
Natursteinweges
können Wild-
bienen nisten**

Natursteinplatten für Wege, Plätze und Treppen werden am besten mit größeren Lücken zwischen den einzelnen Platten in feinem Sand verlegt. Dann wird die gesamte Fläche mit einem Rüttler festgestampft. Die Fugen zwischen den Steinplatten werden mit feinem Kies gefüllt. Die gleiche Arbeitsmethode eignet sich auch beim Verlegen von Feldsteinen oder Katzenköpfen (Pflastersteinen).

Kieswege

Mit ungewaschenem Kies in verschiedenen Korngrößen lassen sich Wege und Plätze auf sehr einfache und ansprechende Weise gestalten. Der Kies wird in einer Schichthöhe von zehn Zentimetern

Rotpelzige Sandbiene

Andrena fulva

Sandbienen, zu denen die Rotpelzige Sandbiene gehört, bevorzugen Lebensräume mit sandigem Untergrund an Wegrändern oder Bahndämmen, in Parkanlagen oder Gärten.

Charakteristisch für ihre Kolonien sind kleine, kegelförmige Sandhäufchen von etwa drei Zentimeter Höhe, an deren Spitze jeweils die Nestöffnung liegt. Der Haupteingang unter dem Sandhäufchen führt bei einigen Arten fünf Zentimeter, bei anderen bis zu sechzig Zentimeter senkrecht in die Tiefe und verzweigt sich in mehrere Seitengänge, an deren Enden, tropfenartig geformt, die einzelnen Brutzellen liegen. Nach dem Anlegen der ersten Brutzelle trägt die Biene Nektar und Pollen ein, formt diesen Futtervorrat zu einer kleinen Kugel und legt ein Ei darauf. Danach wird die Zelle mit Sand verschlossen. Sobald alle Brutzellen angelegt und versorgt sind, wird auch der Haupteingang mit einem Gemisch aus Erdreich und Speichel verklebt und völlig unsichtbar gemacht.

Sandbienen kommen allein in Mitteleuropa mit etwa hundertdreißig Arten vor und sind selbst für Insektenkundler nur schwer zu bestimmen. Die meisten Arten erinnern an Honigbienen, innerhalb der Gattung gibt es aber beträchtliche Größenunterschiede. Manche Arten sind nur etwa fünf Millimeter groß, andere erreichen eine Körperlänge von etwa fünfzehn Millimetern. Zum Pollensammeln benutzen Sandbienen die langen Haare an den Hinterbeinen sowie eine auffällige »Haarlocke« am Schenkelring.

Die Rotpelzige Sandbiene (zehn bis dreizehn Millimeter Körperlänge) ist unverwechselbar durch den rostroten Haarpelz am Rücken und die schwarze Behaarung an Bauch und Beinen. Wie alle Bienen der Gattung nistet die Rotpelzige Sandbiene kolonieweise in Sand- oder Lehmböden, sie ist aber bei der Wahl des Brutplatzes überhaupt nicht wählerisch. Man findet die kegelförmigen Sandanhäufungen der Bienen an sonnigen Waldrändern, auf Trockenwiesen, am Fuß von Mauern, unter Hecken und nicht selten zwischen Pflastersteinen mitten in einer Stadt.

Die Sandbiene gehört zu den anpassungsfähigsten und häufigsten Wildbienen. Sie hat auch keine ausgeprägten Vorlieben für irgendwelche Blüten und nutzt fast alle Nektarquellen eines blütenreichen Gartens.

Vierbindige Furchenbiene

Halictus quadricinctus

Die Vierbindige Furchenbiene gehört zur Gattung der Furchen- oder Schmalbienen (Halictus *und* Lasioglossum).

Die Männchen dieser beiden Gattungen haben einen auffällig schmalen Körper, daher der Name »Schmalbienen«. Der Sammelbegriff »Furchenbienen« ist von einer kleinen unbehaarten Längsrinne auf dem letzten Hinterleibsring der Weibchen abgeleitet.

Bei den Furchen- oder Schmalbienen findet man sowohl allein lebende als auch Staaten bildende, soziale Arten, aber auch interessante Zwischenstufen. Die Brutstätten werden oft kolonieweise in Sand- oder Lehmböden angelegt und bestehen aus einem Haupteingang mit verzweigten Seitengängen, an deren Enden jeweils eine Brutzelle liegt. Bei manchen Arten benutzen die Weibchen einen gemeinsamen Haupteingang, sorgen aber in einzeln genutzten Seitengängen allein für die eigenen Brutzellen und ihren Nachwuchs. Bei anderen Arten ist bereits eine Vorstufe zur sozialen Lebensweise erkennbar, indem die Nachkommen ihrer Mutter beim weiteren Nestausbau und der Brutpflege behilflich sind.

Ihren deutschen Namen verdankt die Vierbindige Furchenbiene, die größte heimische Furchenbiene (Körperlänge fünfzehn bis sechzehn Millimeter), vier weißen Binden auf dem Hinterleib.

Beim Nestbau gräbt das Weibchen in Lehmboden einen etwa zehn Zentimeter langen Gang, der schräg nach unten führt und an dessen Ende es etwa zwanzig kreisrunde, eng beieinanderliegende Brutzellen anlegt. Die einzelnen Zellen werden innen mit Speichel verfestigt und geglättet. Danach entfernt das Bienenweibchen das Erdreich um das wabenartige Nestgebilde mit großer Präzision und Kunstfertigkeit: Das Wabennest steht nämlich am Ende nur noch auf hauchdünnen Stützpfeilern, die mit einem stabilisierenden Sekret durchtränkt sind, sodass das filigrane Bauwerk nicht einstürzen kann. Durch die Rundumbelüftung, die damit erreicht wird, ist Dauerfeuchtigkeit und eine Verpilzung des Nestes weitgehend ausgeschlossen – eine Gefahr, die vielen Niststätten der im Boden brütenden Wildbienen droht.

Vierbindige Furchenbienen zeigen eine Tendenz zur sozialen Lebensweise. Das Weibchen bewacht das Nest, füttert die Larven und erlebt das Schlüpfen ihrer Nachkommen.

Durch den Verlust natürlicher Lebensräume wie Trockenhänge in Hohlwegen oder Lehm- und Kiesgruben ist die Vierbindige Furchenbiene heute sehr selten geworden und in vielen Regionen, in denen sie früher häufig anzutreffen war, bereits ausgestorben.

Künstliche Nisthilfen werden nur im Ausnahmefall angenommen. Die Bienen fliegen von Juli bis September und besuchen vor allem Korbblütler.

---

aufgeschüttet und dann mit dem Rüttler verdichtet und festgestampft. Die Außenkanten des Weges sollten mit Steinen befestigt werden, weil der Kies anderenfalls rasch seitlich abgetragen wird – mehr ist nicht nötig.

Holzwege

Holzwege brauchen ein etwa zwanzig Zentimeter dickes Fundament aus Schotter oder Bruchstein, das mit einem Rüttler gut verdichtet wird.

Für einen Holzweg eignen sich Hartholzscheiben (Eiche, Buche, Robinie) mit einer einheitlichen Länge von zwanzig bis fünfundzwanzig Zentimetern. Die Holzscheiben werden in einer etwa zehn Zentimeter hohen Lage Schotter verlegt. Sie sollten unterschiedliche Durchmesser haben, damit man sie gut aneinanderfügen kann und keine allzu großen Fugen entstehen.

Hartholz eignet sich für einen Holzweg am besten

Anschließend füllt man die Fugen mit einem Gemisch aus feinem Sand, Splitt oder kleinen Kieseln. Die Außenkanten des Weges können Sie mit festgestampftem Steinbruch stabilisieren oder mit längeren Rundhölzern, die in den Boden eingeschlagen werden.

Blockstufentreppe

Natursteintreppen im Garten brauchen den gleichen Unterbau wie eine Trockenmauer.

Hosenbienen

Dasypoda

Ihre markanten Sammelbürsten an den Hinterbeinen haben den Hosenbienen (dreizehn bis fünfzehn Millimeter Körperlänge), die man zu den Sägehornbienenartigen zählt, ihren Namen eingetragen.

Hosenbienen nisten gern kolonieweise in sonnenbeschienenen Sandböden: in Kies- und Sandgruben, an Wegen und Waldrändern. Die Nistplätze der Bienen erkennt man leicht an den kleinen Sandhügeln, die sie jeweils über dem Hauptgang zu ihren Brutzellen anhäufen. Dieser Hauptgang kann bis zu sechzig Zentimeter in die Tiefe führen und verzweigt sich in mehrere Seitengänge, an deren Enden jeweils eine runde Brutkammer liegt. Wenn die Biene genügend Pollen in die Brutzelle transportiert hat, durchfeuchtet sie ihn mit Nektar und formt ihn zu kleinen Kugeln, die sie unten mit drei kleinen Füßchen versieht. Vermutlich ermöglichen die Füßchen eine optimale Luftzirkulation, die verhindert, dass der Nahrungsvorrat verschimmelt.

Sägehornbienen kommen in Mitteleuropa mit nur etwa zehn Arten vor. Auffällig sind die langen dichten Sammelhaare an den Hinterbeinen, mit denen größere Pollenmengen festgehalten und transportiert werden können. Sägehornbienen gehören zu den spezialisierten Wildbienenarten, die nur eine einzige Pflanzenart oder eine kleine Gruppe verwandter Pflanzen als Nahrungsquelle nutzen.

Wie eng die Bindung an eine bestimmte Pflanzenart sein kann, wird beim Beobachten der Glockenblumen-Sägehornbiene (Melitta haemorrhoidalis) auf besonders eindrucksvolle Weise deutlich. Die Biene taucht ausschließlich in die blauen Blütenkelche von Glockenblumen ein, befeuchtet den Pollen beim Sammeln mit Nektar und klebt ihn in kleinen Päckchen an ihre Hinterbeine. Die Nacht verbringt die weibliche Biene dann in ihrem Nest, während die Männchen in Glockenblumenblüten schlafen.

Trachtpflanzen: *ausschließlich Korbblütler, vor allem Rainfarn, Bitterkraut, Wegwarte oder Habichtskraut.*
Nisthilfen: *Sand-, Kies- oder Geröllbeete, Steingärten mit sandigem Untergrund, Wege mit breitfugig in Sand verlegten Natursteinplatten.*

Die einfachste Variante ist dabei die sogenannte Blockstufentreppe, bei der man geeignete Steinplatten leicht überlappend in der oberen Sandschicht verlegt. Neben der Beachtung des Hauptziels, dass die Treppe am Ende gut begehbar ist, sollte man auch bei einer Treppe darauf achten, dass zwischen den Stufen genügend Ritzen und Lücken bleiben, in denen sich Tiere und Pflanzen ansiedeln können. Damit die Sandschicht vom Regen nicht fortgespült wird, schüttet man seitlich und zwischen den Stufen eine Schicht Kies, Geröll oder Schotter auf.

In den Ritzen einer Treppe können sich Tiere und Pflanzen ansiedeln

Bienenweide für Trockenbiotope

Die Übersicht ab Seite 122 enthält Pflanzen für die Dachbegrünung, für Trockenmauern, Stein- und Felsengärten, für die Randgestaltung von Natursteintreppen, Sitzplätzen und Wegen.

Der Standort sollte sonnig sein, mit nährstoffarmen Böden (Sand, Kies, Geröll, Splitt, Schotter, Steinbruch), in denen das Regenwasser sofort versickern kann.

Holz

Totholz bringt jede Menge Leben in den Garten. Je nach Holzart zerfällt abgestorbenes Holz langsamer oder schneller, und bevor es sich irgendwann in Humus verwandelt, bietet es über Jahre hinweg unzähligen Tierarten Nahrung, Nistplatz und Wohnraum. Flechten, Moose und Pilze siedeln sich an, Asseln und Spinnen folgen. Spechte, Kleiber und Meisen stochern in den Ritzen und klopfen die lockere Rinde ab. Darunter verbergen sich die Larven von Pinsel-, Bock- oder Rosenkäfern. Die Käferlarven ernähren sich von Holzpartikeln und hinterlassen mit ihren Fraßgängen Niststätten für Bienenarten, die sich ihre Brutgänge nicht selbst bohren können.

Totholz bringt jede Menge Leben in den Garten

Pflanzen für Trockenstandorte

Deutscher Name *Botanischer Name*	Standort	Blütezeit (Monate)	Blütenfarbe	Wuchshöhe
Alpendistel *Carduus defloratus*	Trockenmauer, Steingarten	V – VIII	purpur	bis 80 cm
Alpensonnenröschen *Helianthemum alpestre*	Wege, Plätze, Trockenmauer, Dach	VI – VIII	gelb	5 – 10 cm
Stängelloser Enzian *Gentiana acaulis*	Steingarten, Trockenmauer, Dach	VI – VIII	azurblau	5 – 10 cm
Christrose *Helleborus niger*	Wege, Plätze, Trockenmauer	XII – III	weißrosa	10 – 30 cm
Echte Hauswurz *Sempervivum tectorum*	Steingarten, Trockenmauer, Dach	VII – IX	rot	bis 50 cm
Felsengelbstern *Gagea bohemica*	Wege, Plätze, Treppen, Steingarten, Trockenmauer, Dach	III – IV	gelb	bis 10 cm
Frühlingsadonisröschen *Adonis vernalis*	Wege, Plätze, Steingarten, Trockenmauer, Dach	IV – V	hellgelb	10 – 40 cm

Deutscher Name / *Botanischer Name*	Standort	Blütezeit (Monate)	Blütenfarbe	Wuchshöhe
Gefleckte Flockenblume / *Centaurea maculosa*	Wege, Steingarten, Trockenmauer, Dach	VI – IX	violett	30 – 60 cm
Gelber Lerchensporn / *Corydalis lutea*	Wege, Plätze, Treppen, Steingarten, Trockenmauer, Dach	V – X	gelb	10 – 20 cm
Gewöhnliche Kugelblume / *Globularia punctata*	Trockenmauer, Dach	V – VI	violett	bis 30 cm
Gewöhnlicher Thymian / *Thymus pulegioides*	Wege, Treppen, Dach, Steingarten, Trockenmauer	VI – X	rosa	5 – 20 cm
Golddistel / *Carlina vulgaris*	Wege, Plätze, Steingarten, Dach	VII – IX	gelb	15 – 40 cm
Große Traubenhyazinthe / *Muscari racemosum*	Wege, Plätze, Steingarten, Dach	IV – VI	blau	10 – 20 cm
Heidenelke / *Dianthus deltoides*	Wege, Plätze, Steingarten, Dach	VI – X	purpur	10 – 40 cm
Kaukasus-Fetthenne / *Sedum spurium*	Wege, Steingarten, Trockenmauer, Dach	VII – VIII	lilarosa	bis 20 cm

Deutscher Name / *Botanischer Name*	Standort	Blütezeit (Monate)	Blütenfarbe	Wuchshöhe
Kriechendes Fingerkraut / *Potentilla reptans*	Wege, Plätze, Dach	VI – VIII	gelb	5 – 20 cm
Moschusmalve / *Malva moschata*	Wege, Steingarten	VI – X	weißlila	30 – 80 cm
Quirlblütiger Salbei / *Salvia verticillata*	Steingarten, Dach	VI – IX	violett	20 – 60 cm
Rundblättrige Glockenblume / *Campanula rotundifolia*	Wege, Plätze, Trockenmauer, Dach	VI – X	blau	10 – 40 cm
Sandthymian / *Thymus serpyllum*	Wege, Treppen, Dach, Steingarten, Trockenmauer	V – X	rosa	10 – 30 cm
Sandwicke / *Vicia lathyroides*	Steingarten, Dach	IV – VI	violett	5 – 20 cm
Scharfer Mauerpfeffer / *Sedum acre*	Steingarten, Trockenmauer, Dach	VI – VII	gelb	5 – 15 cm
Scheuchzers Glockenblume / *Campanula scheuchzeri*	Steingarten, Dach	VII – VIII	blauviolett	10 – 20 cm

Deutscher Name *Botanischer Name*	Standort	Blütezeit (Monate)	Blütenfarbe	Wuchshöhe
Steinfingerkraut *Potentilla rupestris*	Wege, Steingarten, Trockenmauer, Dach	V – VI	weiß	30 – 50 cm
Steinnelke *Dianthus sylvestris*	Trockenmauer, Dach	VII – IX	rosa	bis 40 cm
Wegmalve *Malva neglecta*	Wege, Plätze, Trockenmauer	VI – X	rosa	10 – 40 cm
Weißer Alpenmohn *Papaver sendtneri*	Wege, Steingarten, Trockenmauer	VII – VIII	weiß	bis 15 cm
Weißer Mauerpfeffer *Sedum album*	Wege, Steingarten, Trockenmauer, Dach	VI – VII	weiß	bis 20 cm
Wiesenküchenschelle *Pulsatilla pratensis*	Wege, Plätze, Trockenmauer, Dach	IV – V	violett	10 – 50 cm
Wilder Majoran *Origanum vulgare*	Wege, Plätze, Steingarten, Dach	VII – IX	rosa	20 – 80 cm
Zwergglockenblume *Campanula cochleariifolia*	Trockenmauer, Dach	VI – VIII	blau	5 – 15 cm

Totholz hat
wichtige
Funktionen im
Naturkreislauf

Alte Bäume, die aus Sicherheitsgründen irgendwann doch einmal gefällt werden müssen, sollte man deshalb nicht einfach absägen, zerkleinern und dann verbrennen oder zerschreddern. Das »Totholz« hat eine wichtige Funktion im Naturkreislauf und kann im Garten eine bessere Verwendung finden, wenn man es nur grob zerkleinert und den natürlichen Zersetzungsprozessen überlässt. Auch den Baumstumpf mit Wurzeln muss man nicht mühsam ausgraben, sondern lässt ihn einfach stehen. Bevor er nach vielen Jahren verrottet ist, werden wir erleben, wie die großen Gesetze der Natur hier im Kleinen wirken. Viele Tiere werden das Wohnungsangebot schätzen und uns Gelegenheit geben, sie zu beobachten.

Totholzhaufen und Holzzäune können zu Lebensräumen für Holz bewohnende Wildbienen wie Blattschneiderbienen, Holzbienen oder Wollbienen und andere Insekten werden.

Totholzhaufen

Abgeschnittene
Zweige lässt
man am
besten auf einen
Totholzhaufen
vermodern

Der Totholzhaufen im Garten hat nichts mit Unordnung und geplanter Verwilderung zu tun. Eher mit der klugen Überlegung, dass abgeschnittene Äste oder Zweige kein »Sperrmüll«, sondern organische Materialien sind, und es nicht falsch sein kann, sie in einer Gartenecke aufzuschichten. Im Laufe der Jahre wird der Haufen langsam von unten vermodern und in sich zusammensacken. Wenn wir das nächste Mal einen Obstbaum oder eine Hecke beschneiden, legen wir die Äste und Zweige auf den Haufen und halten damit den Naturkreislauf in Schwung.

Stangenzaun

Für den Bau eines Stangenzaunes braucht man Pfähle (etwa fünf Zentimeter dick) aus widerstandsfähigem Holz (Lärche, Eiche, Robinie). Die Länge der Pfähle richtet sich nach Ihren Vorstellungen von der Höhe des Zaunes.

Die Pfähle werden unten angespitzt und mit einem Vorschlaghammer dreißig bis vierzig Zentimeter tief in den Boden geschlagen. Sie sollten eine Reihe mit Abständen von jeweils etwa einem Meter zwischen den einzelnen Pfählen bilden.

Eine zweite Reihe Pfähle wird in gleicher Weise in etwa zehn Zentimeter Abstand neben der ersten Pfahlreihe eingeschlagen. Die zweite Pfahlreihe wird versetzt zur ersten Pfahlreihe angeordnet, sodass letztlich der Abstand zwischen den einzelnen Pfählen bei fünfzig Zentimetern liegt.

Zwischen den Pfahlreihen werden dann lange, möglichst gerade gewachsene Zweige oder Äste aufgeschichtet, bis die Zaunhöhe erreicht ist. Wenn die unteren Äste verrotten und der Zaun langsam absackt, werden oben neue Äste aufgelegt.

Zwischen den Zaunreihen schichtet man abgeschnittene Zweige auf

Weidenzaun

Beim Bau eines Weidenzaunes schlägt man wie beim Stangenzaun beschrieben etwa fünf Zentimeter dicke Pfähle aus widerstandsfähigen Holzarten dreißig bis vierzig Zentimeter tief in den Boden ein. Die Pfähle für einen Weidenzaun bilden nur eine Reihe und haben einen Abstand von etwa einem halben Meter.

Um die Pfähle herum werden dann Zweige von Weiden oder anderen biegsamen Gehölzen verflochten. Einen lebendigen Zaun erhält man durch Pfähle von frisch geschlagenen Weiden, die etwa fünfzig Zentimeter tief im Boden vergraben werden. Wenn man sie ständig feucht hält, bilden sie in der Regel neue Triebe, die man dann im Zaun verflechten oder zurückschneiden kann.

Aus frischen Weidengerten wächst ein lebendiger Zaun

127

Wiese

Gänseblümchen und Löwenzahn sind die Charakterpflanzen von Fettwiesen. Sie gedeihen auch im Halbschatten, und der Boden, auf dem sie wachsen, ist in der Regel feucht und nährstoffreich. Normale Gartenwiesen sind in der Regel solche Fettwiesen mit feuchter und dichter Humusschicht. Sie bieten den im Boden lebenden Wildbienen keinen geeigneten Lebensraum.

Blaue Holzbiene

Xylocopa violacea

Mit zwanzig bis achtundzwanzig Millimeter Körperlänge ist die Blaue Holzbiene eine der größten Bienenarten in Mitteleuropa. Auf den ersten Blick kann man die Blaue Holzbiene mit einer Hummel verwechseln. Die Biene ist dunkel behaart; auf ihren ebenfalls dunklen Flügeln erkennt man deutlich einen Blauschimmer.

Die wärmeliebenden Insekten suchen sonnige Orte mit geeigneten Nistmöglichkeiten, die sie in alten Obstbäumen, auf Streuobstwiesen oder auch in einem Totholzhaufen im Garten finden.

Blaue Holzbienen schlüpfen im Herbst, es überwintern beide Geschlechter. Die Paarung erfolgt dann im nächsten Frühjahr. Danach beginnt das Weibchen mit dem Nestbau. Es nagt vertikale, bis zu dreißig Zentimeter lange Nistgänge in abgestorbenes Holz und richtet in jedem Gang etwa fünfzehn Brutzellen ein. Jede Zelle wird reichlich mit Pollen gefüllt, dann wird ein Ei hineingelegt. Schließlich wird die Zelle mit einer Trennwand aus feinen Holzspänen und Speichel verklebt.

Die Larven verzehren die Pollenvorräte und verpuppen sich. Die geschlüpfte Holzbiene zernagt schließlich die Trennwand an ihrer Brutzelle und versucht nach draußen zu gelangen. Hat die Holzbiene in der davorliegenden Zelle ihre Entwicklung noch nicht beendet, muss gewartet werden, bis es soweit ist. Dann kriechen die Insekten hintereinander her ins Freie.

***Trachtpflanzen:** Blaue Holzbienen suchen Nektar und Pollen an verschiedenen Schmetterlingsblütlern, Korbblütlern und Lippenblütlern.*

Neben Wildpflanzen werden auch farbenprächtige Stauden und Zierpflanzen wie Phlox oder Kletterpflanzen wie Blauregen an der Hausfassade häufig angeflogen und als Futterquelle genutzt.

Nisthilfen: *Die Blaue Holzbiene kommt in Deutschland vor allem in den südlichen, wärmebegünstigten Landesteilen vor und gilt als gefährdete Art, nicht zuletzt auch durch das Fehlen von geeigneten Nistmöglichkeiten. Holzklötze oder Holzscheite, die an einer sonnigen Hauswand gestapelt sind, Totholzhaufen im Garten und ähnliche Nisthilfen werden von den Insekten angenommen.*

Große Wollbiene

Anthidium manicatum

Die Große Wollbiene gehört zur Gattung der Woll- und Harzbienen (Gattung Anthidium*). Woll- und Harzbienen kommen in Mitteleuropa mit sieben Arten vor. Sie sind mit ihrem fast unbehaarten Hinterleib und den gelben oder weißen Querbinden leicht mit Wespen zu verwechseln. Wollbienen unterscheiden sich von Harzbienen (siehe Seite 41) vor allem in der Art des Nestbaus.*

Wollbienen raspeln die haarigen Fasern von Salbei, Königskerze, Quitte oder anderen Pflanzen ab, rollen sie zu einer Kugel und transportieren sie, zwischen Kopf und Vorderbeine geklemmt, zu ihren Nistplätzen. Mit den Fasern werden dann die einzelnen Brutzellen geformt. Je nach Art legen Wollbienen ihre Brutzellen in hohlen Pflanzenstängeln, Mauerwerksritzen, vertrockneten Galläpfeln oder leeren Schneckenhäusern an.

Harzbienen bauen ihre Brutzellen dagegen mit Kiefern- oder Fichtenharz. Einige Arten errichten sie nebeneinander frei an Felsen und benutzen ausschließlich Baumharz als Baumaterial. Andere graben Nistgänge im Boden und verwenden neben Harz auch zusammengerollte Blattstücke, um die Gänge von innen abzustützen.

Mit ihren gelbschwarzen Hinterleibsringen erinnert die Große Wollbiene an eine Wespe – wenn sie im Schwirrflug über einer Blüte steht und Nektar saugt, an eine Schwebfliege. Wie es der Name andeutet, ist die Biene ungewöhnlich groß; die Männchen können eine Körperlänge von bis zu achtzehn Millimetern erreichen.

Die Weibchen suchen nach der Paarung nach einer Unterkunft für ihren Nachwuchs. Dafür eignen sich bereits vorhandene Hohlräume in Holz wie verlassene Käferfraßgänge oder auch Ritzen in älterem Mauerwerk. Dann sammeln die Weibchen Pflanzenfasern, rollen sie zu einem Ball, transportieren sie in den gewählten Hohlraum und kleiden damit ihre Brutzellen aus.

Mit einem entsprechenden Angebot an Pflanzen und Nisthilfen lassen sich die anpassungsfähigen, farbenprächtigen Bienen auch in dicht besiedelten Gebieten in den Garten locken.

Trachtpflanzen: *Die Große Wollbiene bevorzugt Lippenblütler wie Rote Taubnessel oder Sumpf-Ziest, aber auch verschiedene Rachen- und Schmetterlingsblütler mit reichlich Nektar und Pollen.*
Pflanzen zum Sammeln von Pflanzenwolle: *Strohblume, Königskerze, Katzenpfötchen, Rote Lichtnelke.*
Nisthilfen: *durchbohrte Hartholzscheiben oder -blöcke, Totholzhaufen, Lochziegel mit Bambusröhren, gebündelte Bambusröhren.*

Normaler Gartenboden ist für Wildbienen häufig zu feucht und zu dicht

Die von vielen Insekten geschätzten Pflanzengesellschaften der Trockenwiese entfalten sich dagegen nur auf nährstoffarmen, wasserdurchlässigen Böden in sonniger Lage. Die Tabelle ab Seite 132 stellt solche Wildpflanzen vor. Richtige Trockenwiesen sind Wiesen zum Träumen mit Margeriten, Kornblumen, Glockenblumen, Wiesensalbei oder Klatschmohn, mit dem Zirpen von Grillen und dem Summen von Bienen.

Von der Fettwiese zur Trockenwiese

Leider ist es nicht möglich, eine normale Gartenwiese in eine Trockenwiese umzuwandeln, indem man einfach Wildblumensamen auf der vorhandenen Wiese ausstreut. Der Boden ist viel zu humusreich und braucht zunächst eine Abmagerungskur, das heißt, man muss den alten Grünrasen bis unter den Wurzelbereich der Gräser abtragen.

Die ausgehobenen Stellen werden dann mit Sand aufgefüllt, den man mit der unteren Mutterbodenschicht vermischt. Die abgemagerte Fläche wird

Gewöhnliche Blattschneiderbiene

Megachile versicolor

Blattschneiderbienen werden mit den Mörtelbienen (siehe Seite 53) in der Gattung Megachile *zusammengefasst.*

Blattschneiderbienen schneiden mit ihren scharfen Oberkiefern runde oder ovale Ausschnitte aus Rosen-, Pappel- oder Fliederblättern, rollen sie zusammen und transportieren sie unter dem Bauch zu ihren Nisthöhlungen in Pflanzenstängeln, morschem Holz oder in der Erde. In der Höhlung entfalten sich dann die eingetragenen Blattrollen und legen sich eng an der Wand an. So entsteht ein fingerhutartiger Brutraum, der nach dem Eintragen von Larvennahrung und der Eiablage mit mehreren kreisrunden Blattstücken verschlossen wird. Davor wird in gleicher Weise die nächste Kinderstube angelegt. Der Linienbau kann am Ende über ein Dutzend Blattfingerhüte enthalten, in denen später die Bienenlarven schlüpfen.

Die Gewöhnliche Blattschneiderbiene fällt beim Blütenbesuch durch ihren leicht verengten Hinterleib und die rote Bauchbürste auf. Zum Nestbau benutzt sie meist vorgefundene Hohlräume in Totholz, beispielsweise alte Käferfraßgänge, oder hohle Pflanzenstängel. Sie kann aber auch eigene Bruthöhlen schaffen, indem sie markhaltige Zweige von Holunder oder Brombeere ausräumt. Innerhalb des Hohlraumes legt sie dann ein Liniennest mit Blattabschnitten an.

Die Gewöhnliche Blattschneiderbiene ist aufgrund ihrer Anpassungsfähigkeit häufig anzutreffen und auch in Gärten nicht selten. Bei einem entsprechenden Angebot an Nisthilfen und Pflanzen kann man die interessanten Verhaltensweisen der Bienen hautnah miterleben.

Trachtpflanzen: vor allem Schmetterlingsblütler und Korbblütler.
Nisthilfen: Bambusrohrstücke, durchbohrte Holzblöcke.

Wildpflanzen für Trocken- und Fettwiese

Deutscher Name *Botanischer Name*	Standort	Blütezeit (Monate)	Blütenfarbe	Wuchshöhe
Blutwurz *Potentilla erecta*	Trockenwiese	VI – VII	gelb	5 – 30 cm
Echtes Johanniskraut *Hypericum perforatum*	Trockenwiese	VI – VIII	gelb	30 – 60 cm
Gamander-Ehrenpreis *Veronica chamaedrys*	Fettwiese	V – VII	blau	10 – 30 cm
Gewöhnliche Kugelblume *Globularia punctata*	Trockenwiese	V – VI	violett	5 – 30 cm
Gewöhnlicher Hornklee *Lotus corniculatus*	Trockenwiese	V – VIII	gelb	5 – 30 cm
Gewöhnlicher Natternkopf *Echium vulgare*	Trockenwiese	V – VIII	blau	40 – 80 cm
Gewöhnliche Schafgarbe *Achillea millefolium*	Trockenwiese	VI – X	weiß, rosa	15 – 60 cm
Gewöhnliche Wegwarte *Cichorium intybus*	Trockenwiese	VI – X	blau	30 – 110 cm
Große Traubenhyazinthe *Muscari racemosum*	Trockenwiese	IV – VI	blau	10 – 20 cm

Deutscher Name / Botanischer Name	Standort	Blütezeit (Monate)	Blütenfarbe	Wuchshöhe
Hopfenklee / *Medicago lupulina*	Trockenwiese	V – X	gelb	10 – 40 cm
Huflattich / *Tussilago farfara*	Trockenwiese	II – IV	gelb	5 – 20 cm
Kleiner Klappertopf / *Rhinanthus minor*	Trockenwiese	V – VIII	gelb	10 – 40 cm
Kleines Habichtskraut / *Hieracium pilosella*	Trockenwiese	V – IX	gelb	10 – 30 cm
Kriechender Günsel / *Ajuga reptans*	Fettwiese	V – VIII	blauviolett	10 – 30 cm
Kugelige Teufelskralle / *Phyteuma orbiculare*	Trockenwiese	V – VII	blau	10 – 30 cm
Löwenzahn / *Taraxacum officinale*	Fettwiese	IV – IX	gelb	5 – 30 cm
Rainfarn / *Chrysanthemum vulgare*	Trockenwiese	VII – IX	gelb	50 – 120 cm
Roter Wiesenklee / *Trifolium oratense*	Fettwiese	V – IX	rotviolett	20 – 40 cm

Deutscher Name *Botanischer Name*	Standort	Blütezeit (Monate)	Blütenfarbe	Wuchshöhe
Rundblättrige Glockenblume *Campanula rotundifolia*	Trockenwiese	VI – X	blau	15 – 40 cm
Saatluzerne *Medicago sativa*	Trockenwiese	VI – IX	violett	30 – 80 cm
Scharfer Hahnenfuß *Ranunculus acris*	Fettwiese	V – X	gelb	10 – 100 cm
Steppensalbei *Salvia nemorosa*	Trockenwiese	VI – VIII	violett	20 – 70 cm
Taubenskabiose *Scabiosa columbaria*	Trockenwiese	VII – X	lila	20 – 60 cm
Vogelwicke *Vicia cracca*	Fettwiese	VI – VIII	violett	20 – 150 cm
Weißklee *Trifolium repens*	Fettwiese	V – X	weiß	5 – 30 cm
Wiesenbärenklau *Heracleum sphondylium*	Trockenwiese	VI – IX	weiß	70 – 150 cm
Wiesenflockenblume *Centaurea jacea*	Trockenwiese/Fettwiese	VI – X	violett	20 – 80 cm

Deutscher Name / Botanischer Name	Standort	Blütezeit (Monate)	Blütenfarbe	Wuchshöhe
Wiesenglockenblume / *Campanula patula*	Trockenwiese/Fettwiese	V – VII	blau	20 – 50 cm
Wiesenkerbel / *Anthriscus sylvestris*	Fettwiese	IV – VI	weiß	40 – 150 cm
Wiesenmargerite / *Chrysanthemum leucanthemum*	Trockenwiese/Fettwiese	V – IX	gelbweiß	30 – 100 cm
Wiesenplatterbse / *Lathyrus pratensis*	Trockenwiese/Fettwiese	VI – VIII	gelb	30 – 100 cm
Wiesensalbei / *Salvia pratensis*	Trockenwiese/Fettwiese	V – IX	blau	30 – 60 cm
Wiesenstorchschnabel / *Geranium pratense*	Fettwiese	V – IX	blauviolett	30 – 80 cm
Wiesenwitwenblume / *Knautia arvensis*	Trockenwiese	VI – VIII	lila	30 – 80 cm
Wilde Möhre / *Daucus carota*	Trockenwiese	VI – IX	weiß	30 – 100 cm
Zottiger Klappertopf / *Rhinanthus alectorolophus*	Trockenwiese/Fettwiese	V – IX	gelb	20 – 80 cm

schließlich mit dem Rechen planiert. Dann kann man das Saatgut einstreuen. Die Samen müssen etwa sechs Wochen lang ständig feucht gehalten werden.

Eine blütenreiche Wiese entsteht nur auf magerem Boden

Nach all diesen aufwendigen Vorbereitungsarbeiten braucht eine Magerwiese im Garten aber noch Jahre, bis sie sich zu einer artenreichen Traumwiese entwickelt hat. Einige Blumenarten werden sich stark ausbreiten, andere werden verschwinden. Man muss durch gezielte Neupflanzungen nachhelfen und ständig Quecken oder andere Unkräuter ausrotten, welche die Wiesenblumen in Bedrängnis bringen.

Das Anlegen einer Trockenwiese kann man eigentlich nur dann in Erwägung ziehen, wenn man einen sehr großen Garten mit viel Sonneneinstrahlung hat. Leider ist eine Trockenwiese auch kein Tummelplatz für spielende Kinder. Die hochwachsenden Wiesenblumen vertragen keine Fußtritte.

Farbenfrohe Kompromisse

Wenn der Garten zu klein für eine Blumenwiese ist, lässt sich ein Wildblumenbeet an einem sonnigen Platz anlegen.

Im Frühjahr bunte Krokuswiese, im Sommer Spielwiese für Kinder

Soll eine Wiese im Sommer als Grünwiese und Spielplatz für Kinder dienen, bietet sich für das Frühjahr an dieser Stelle eine bunt blühende Frühlingswiese an. Unter Bäumen, vor Sträuchern und Hecken oder an Stellen, wo die Wiese vielleicht ohnehin lädiert ist, werden im Herbst die Zwiebeln von verschiedenen Krokusarten, Schneeglöckchen, Schneeglanz, Blausternchen *(Scilla bifolia),* Wildtulpen oder kleinwüchsigen Narzissenarten im Boden vergraben. Die Frühjahrsblumen erfreuen uns durch wochenlangen Blütenzauber und sind eine begehrte Nektarquelle für Bienen und Hummeln, die gerade ihre Winterquartiere verlassen. Die Frühlingsboten breiten sich im Laufe der Jahre immer mehr aus und bilden schließlich bunte Teppiche. Sind sie verwelkt, kann die Wiese gemäht werden, und Kinder können den ganzen Sommer über darauf spielen.

Bäume und Gehölze

Mit Bäumen und Sträuchern werden die markantesten Akzente rund um unser Haus und im Garten gesetzt. Sie bilden den natürlichen Kontrast zu Gebäuden, schützen vor neugierigen Blicken, spenden Schatten und vermindern die Windgeschwindigkeit. Sie sind Lärmschutz, Staubfilter und Lebensraum für viele Tiere.

Bäume setzen Akzente rund ums Haus und im Garten

Bei der Auswahl der Gehölze sollten aber nicht die Blaufichte, der Thujastrauch und der Rhododronbusch den Ton angeben. Einheimische Bäume und Sträucher haben einen weitaus höheren Wert für die Tierwelt und für uns Menschen. Sie sehen nicht immer gleich und letztlich eintönig aus, sondern sind lebendig und interessant zu jeder Jahreszeit.

Schenkelbiene

Macropis labiata

Wie die Hosenbiene (siehe Seite 120) ist auch die Schenkelbiene (acht bis neun Millimeter Körperlänge) zum Sammeln und Transportieren großer Pollenmengen befähigt. Beim Beobachten dieser relativ häufig vorkommenden Biene kann man erkennen, dass sie oft mit einer beträchtlichen Pollenfracht an den stark verbreiterten und behaarten Hinterbeinen beladen ist.

Schenkelbienen gehören zu den wenigen heimischen Wildbienenarten, die Feuchtgebiete besiedeln und Blütenpflanzen in den Uferbereichen von Teichen, Flüssen oder Wassergräben als Nahrungsquelle nutzen. Haupttrachtpflanze scheint der Gewöhnliche Gilbweiderich zu sein. Die Biene besucht aber auch die nektarreichen Blüten anderer Sumpfpflanzen wie Sumpfkratzdistel oder Blutweiderich.

Sträucher und Bäume

Deutscher Name *Botanischer Name*	Standortbedingungen	Blütezeit (Monate)	Blütenfarbe	Wuchshöhe
Bärentraube *Arctostaphylos uva-ursi*	trocken, sonnig	IV – VI	weißrot	10 – 15 cm
Besenheide *Calluna vulgaris*	trocken, nicht auf Kalk, sonnig/halbschattig	VII – IX	rosa bis rötlich	20 – 50 cm
Deutscher Ginster *Genista germanica*	trocken, sandig, sonnig	V – VI	goldgelb	20 – 60 cm
Echte Brombeere *Rubus fructicosus*	keine besonderen Ansprüche	VI – VIII	weißrosa	1 – 3 m
Echter Gamander *Teucrium chamaedrys*	trocken, sonnig	VI – IX	rot	10 – 30 cm
Färberginster *Genista tinctora*	trocken, sandig, sonnig	VI – VIII	goldgelb	30 – 60 cm

Deutscher Name *Botanischer Name*	Standortbedingungen	Blütezeit (Monate)	Blütenfarbe	Wuchshöhe
Faulbaum *Frangula alnus*	feucht, sonnig/halbschattig	V – IV	grünlich weiß	1 – 4 m
Gewöhnliche Felsenbirne *Amelanchier ovalis*	trocken, sonnig	IV – V	weiß	1 – 3 m
Gewöhnliche Hasel *Corylus avellana*	mäßig trocken, sonnig/schattig	II – IV	gelb	2 – 6 m
Gewöhnlicher Seidelbast *Daphne mezereum*	lockere, humusreiche Böden, schattig	III – IV	rosarot	50 – 100 cm
Gewöhnliche Zwergmispel *Cotoneaster integerrima*	trocken, sonnig	IV – VI	hellrosa	60 – 150 cm
Hundsrose *Rosa canina*	trocken, sonnig	VI – VII	hellrosa	1,5 – 4 m
Kriechweide *Salix repens*	feucht bis trocken, sonnig/halbschattig	IV – V	gelbgrün	20 – 100 cm

Tabelle: Sträucher und Bäume

Deutscher Name *Botanischer Name*	Standortbedingungen	Blütezeit (Monate)	Blütenfarbe	Wuchshöhe
Ohrweide *Salix aurita*	feucht, halbschattig	IV – V	gelbgrün	50 – 150 cm
Purpurweide *Salix purpurea*	feucht, halbschattig	III – IV	gelbgrün	1 – 3 m
Rosmarinweide *Salix rosmarinifolia*	feucht, halbschattig	IV – V	gelbgrün	30 – 100 cm
Rote Johannisbeere *Ribes rubrum*	feucht bis trocken, sonnig	V	gelbweiß	50 – 100 cm
Salweide *Salix caprea*	keine besonderen Ansprüche	III – V	gelbgrün	1 – 6 m
Schlehe *Prunus spinosa*	trocken, sonnig	IV – V	weiß	1 – 3 m
Stechpalme *Ilex aquifolium*	feucht, halbschattig	V – VI	gelbweiß	1 – 10 m

Deutscher Name *Botanischer Name*	Standortbedingungen	Blütezeit (Monate)	Blütenfarbe	Wuchshöhe
Traubenkirsche *Prunus padus*	feucht, schattig	IV – V	weiß	3 – 10 m
Vogelkirsche *Prunus avium*	feucht, halbschattig	IV – V	weiß	8 – 20 m
Wildapfel *Malus sylvestris*	feucht, halbschattig	V – VI	weißrosa	3 – 10 m
Wildbirne *Pyrus communis*	feucht, halbschattig	IV – V	weiß	3 – 20 m
Wilde Stachelbeere *Ribes uva-crispa*	feucht bis trocken, sonnig/halbschattig	IV – V	grüngelb	60 – 150 cm
Zweigriffeliger Weißdorn *Crataegus oxyacantha*	keine besonderen Ansprüche	V – VI	weiß	2 – 5 m

Spionieren erlaubt – Tierbeobachtung

Wer ist wer?

Wildbienen lassen sich nur schwer in ihren Arten bestimmen

Mit einer flüchtigen Betrachtung ist es nicht getan: Eine exakte Artbestimmung der meisten solitären Bienen ist selbst für Insektenforscher schwierig und lässt sich oft nur an präparierten Tieren durchführen. Nur unter dem Stereomikroskop lassen sich entscheidende Merkmale wie eine charakteristische Hinterleibs- oder Flügelzeichnung und Ähnliches sicher erkennen.

Für Naturliebhaber, die sich für Wildbienen in ihrer Formenvielfalt näher interessieren, fangen die Schwierigkeiten aber schon damit an, dass sie sich oft nicht in der Lage sehen, eine Wildbiene von einigen Grabwespenarten zu unterscheiden, oder eine Honigbiene von manchen ihrer wild lebenden Verwandten. Das ist nicht verwunderlich, da die einzelnen Arten zum einen vielfach miteinander verwandt sind, sich Grabwespen beispielsweise erst im Laufe der Evolution von den Bienen abgespalten haben und deshalb eine enge verwandtschaftliche Beziehung und Ähnlichkeit im Aussehen besteht. Zum anderen sehen manche Seiden- und Sandbienenarten den Honigbienen auch ohne Verwandtschaft zum Verwechseln ähnlich.

Wildbiene, Grabwespe oder Honigbiene?

Einzelfotos zeigen niemals alle für die exakte Artbestimmung nötigen Details

Mit Bestimmungsbüchern, die Farbfotos zum Vergleich anbieten, lassen sich nur selten sichere Erkenntnisse gewinnen. Wie fast alle Fluginsekten halten Wildbienen beim Fotografieren nicht still, und der Fotograf ist somit kaum in der Lage, alle Details, die für ein gutes Bestimmungsfoto wichtig sind, in aller Ruhe auf den Film zu bannen. Deshalb eignen sich Bücher mit präzisen Zeichnungen, auf denen Fühler und Gliedmaßen sichtbar ausgebreitet dargestellt sind, zur Artbestimmung manchmal besser. Man findet allerdings kaum ein Werk, das sich ausschließlich mit Wildbienen befasst. In der Regel werden immer nur einige Wildbienenarten neben anderen markanten Vertretern aus der Ordnung der Hautflügler vorgestellt.

Daneben gibt es noch eine ganze Reihe von Publikationen, die sich näher mit der biologischen Klassifikation, mit Bestimmungsschlüsseln oder geeigneten Maßnahmen zum Schutz unserer heimischen Wildbienen befassen. Zum Teil handelt es sich um Veröffentlichungen von Naturschutzverbänden, um wissenschaftliche Abhandlungen in Loseblatt- oder Broschürenform oder um Initiativen von interessierten Einzelpersonen oder Gruppen, die sich dem Thema auf speziellen Internetseiten widmen. Auf solche Informationsquellen wird im Anhang dieses Buches hingewiesen (siehe Seite 154).

Mit Zeichnungen lassen sich Insekten am besten bestimmen

Hautflügler – ein kleiner Einblick in eine große Insektenordnung

Solitär und in Staaten lebende Bienen und Wespen bilden gemeinsam mit den Ameisen die ebenso interessante wie komplizierte Artengemeinschaft der Hautflügler *(Hymenoptera)*, deren Vielfalt schier unerschöpflich erscheint: Derzeit weiß man von etwa hundertundfünf Familien mit weltweit über 200.000 Arten. Davon leben über 11.000 in Mitteleuropa – Hautflügler stellen in Mitteleuropa etwa ein Drittel aller Tierarten.

Hautflügler werden eingeteilt in zwei unterschiedlich große Unterordnungen. Man unterscheidet Pflanzenwespen *(Symphyta)* mit weltweit etwa 10.000 Arten und Taillenwespen *(Apocrita)* mit schätzungsweise 200.000 Arten.

Hautflügler werden unterteilt in Pflanzenwespen und in Taillenwespen

Bei den Pflanzenwespen, zu denen beispielsweise Blattwespen, Holz- und Halmwespen gehören, ist der Hinterleib in voller Höhe und Breite mit der Brust verwachsen.

Bei Taillenwespen, wie Stechwespen, Erzwespen oder Schlupfwespen, erkennt man die typische »Wespentaille«, eine tiefe Einschnürung zwischen Brust und Hinterleib.

Die Einschnürung ihres Körpers macht Taillenwespen beweglich

Fossile Funde beweisen, dass es Pflanzenwespen bereits vor etwa 225 Millionen Jahren gab. Taillenwespen entwickelten sich während der Jurazeit. Im Gegensatz zur Pflanzenwespe, deren breiter Hinterleib an der Basis fest mit der Brust verwachsen ist, besitzt eine Taillenwespe zwischen Hinterleib und Brust ein bewegliches Verbindungssegment, das bei einigen Arten so dünn ist, dass die Speiseröhre, das Rückengefäß, der Nervenstrang und einige Sehnen gerade noch hineinpassen. Dank dieses elasti-

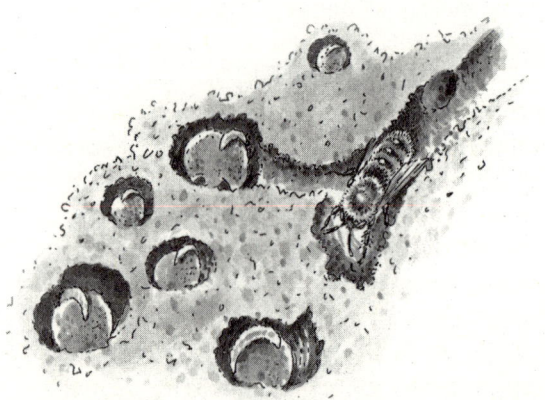

Wildbienenarten erkennt man auch an der Bauweise ihrer Nester: Hosenbienen nisten gern kolonieweise in sonnenbeschienenen Sandböden. Die Nistplätze der Bienen erkennt man leicht an den kleinen Sandhügeln, die sie jeweils über dem Hauptgang zu ihren Brutzellen anhäufen. Dieser Hauptgang verzweigt sich in mehrere Seitengänge, an deren Enden jeweils eine runde Brutkammer liegt.

schen Körperteils können sich Taillenwespen schneller als Pflanzenwespen einer Gefahr entziehen, sich aus dem Griff eines Räubers retten oder wieder auf die Beine kommen, wenn sie auf den Rücken gefallen sind. Außerdem sind sie in der Lage, sich bei kraftraubenden Grabarbeiten in den engen Röhren ihrer Nestbauten umzudrehen. Ihre Beweglichkeit befähigt Taillenwespen, deren Weibchen einen Stachel besitzen, auch selbst zu einer räuberischen Lebensweise. Sie können auch größere, wehrhafte Beutetiere präzise betäuben und in ihre Brutkammern transportieren.

In der Gruppe der Hautflügler finden wir all jene Insekten, die zwei gleichartige, schuppenlose und meist durchscheinende Flügelpaare besitzen, wobei die Vorderflügel deutlich größer als die Hinterflügel sind. Die beiden Flügelpaare sind durch Häkchen miteinander verbunden, wodurch beim Fliegen eine zusammenhängende Fläche entsteht. Sobald die Insekten ruhen, wird diese Verbindung gelöst, und die Flügel liegen schuppenartig übereinander.

Beim Fliegen sind Vorder- und Hinterflügel miteinander verbunden

Bei den Faltenwespen (Familie *Vespidae*), die deutliche Körperformen der Taillenwespen zeigen und zu diesen gezählt werden, und deren bekannteste Vertreter wahrscheinlich die Hornisse *(Vespa crabro)* und die Deutsche Wespe *(Paravespula germanica)* sind, bleibt die Verbindung zwischen den Flügelpaaren auch in der Ruhestellung erhalten. Die Vorderflügel werden nur einmal in Längsrichtung gefaltet, und die Insekten fallen beim Betrachten dann durch ihre ungewöhnlich schmalen Flügel auf.

In Ruhestellung sind die Vorderflügel von Wespen schmal gefaltet

Einblick in geheimes Leben

Solange eine Bienenmutter mit dem Bau ihrer Kinderstube beschäftigt ist, können wir sie regelmäßig bei ihren Versorgungsflügen beobachten. Eingepudert mit gelbem Blütenstaub landet sie am Eingang einer engen Niströhre, die wir ihr bereitgestellt haben, und verschwindet darin. Nach einer Weile fliegt sie wieder weg und kommt bald darauf mit neuer Larvennahrung zurück.

Ein Wildbienenweibchen stirbt, sobald es die letzte Zelle der Brutkammer geschlossen hat

Eines Tages aber warten wir vergeblich auf die Biene. Sie hat die letzte Zelle in ihrer Brutkammer gefüllt, den Eingang verschlossen und wird bald darauf sterben.

Das Leben in dem engen Röhrchen aber geht weiter. Die Larven werden nach einigen Tagen schlüpfen und sich von dem bereitgestellten Pollenvorrat ernähren. Dann werden sie sich in Kokons einspinnen, darin als unbewegliche Puppen verharren, bis schließlich etwas Faszinierendes geschieht: die vollkommene Verwandlung von der Larve zum fertigen Insekt.

Niströhrchen zum Aufklappen

Will man einen Blick in die Kinderstube von Wildbienen werfen, nimmt man ein Bambusröhrchen und schneidet es längs, **oberhalb der Mitte** entzwei. Die beiden Teile werden aufeinandergelegt und mit einem Bürogummi zusammengehalten. Dann schiebt man das Röhrchen etwas abwärts geneigt, damit Wasser ablaufen kann, in einen Hohlziegel und wartet ab, bis es von einer Biene als Nistgelegenheit angenommen wird.

Solange die Biene mit ihrem Brutgeschäft beschäftigt ist, rühren wir das Beobachtungsröhrchen nicht an. Erst wenn die Bienenmutter ihre Arbeiten am Nest beendet hat, kann man das Röhrchen hin und wieder vorsichtig herausnehmen. Nach jedem Ein-

Aufklappbare Bambusröhrchen erlauben den
vorsichtigen Blick auf ein Wildbienennest

blick in die Kinderstube wird das Brutrährchen natürlich wieder sorgfältig verschlossen und an seinen Platz zurückgelegt.

Es ist wichtig, das Röhrchen oberhalb der Mitte
durchzuschneiden, da man so einen Deckel erhält,
der ein Aufklappen erlaubt, ohne die Bienenbrut
im Hohlraum zu zerstören.

Normale Glasröhrchen oder transparente Plastik-
röhrchen, die hinten verschlossen sind, eignen sich
für Beobachtungszwecke weniger, weil sich im Inneren Kondenswasser bilden kann und die Brutzellen dadurch leicht verpilzen.

**In Röhrchen
aus Glas und
Plastik kann sich
Kondenswasser
bilden**

Beobachtungskästen

Hersteller von Naturschutzprodukten bieten fertige Beobachtungskästen an, mit denen sich die Entwicklung der Insekten beobachten lässt (Anbieter
siehe Seite 155). Auch manche Umwelt- oder Schul-
biologiezentren verleihen Beobachtungskästen.

**Beobachtungs-
kästen eignen
sich besonders
gut für Schulen
und Kindergärten**

Es handelt sich dabei um Kästen mit aufklappba-
rer oder herausnehmbarer Vorderwand. Die Vorderwand enthält zahlreiche Einschlupflöcher, die in
Niströhrchen an der Türinnenseite übergehen. Diese
Beobachtungsbrutgänge bestehen entweder aus
ausgefrästen Profilhölzern mit Glasabdeckung oder
aus durchsichtigen Röhrchen mit einem Schaumstoffpfropfen als Verschluss am hinteren Ende. Der
Schaumstoffpfropfen soll für die Luftzirkulation im

Die Entwicklung einer Wildbiene vom Ei zum fertigen Fluginsekt lässt sich mit Hilfe eines Schaukastens und Brutröhren aus ausgefrästen Profilhölzern mit Glasabdeckung beobachten

Röhrchen sorgen; trotzdem kann sich Kondenswasser im Röhrchen bilden.

Solche Beobachtungskästen eignen sich nicht nur für Kindergärten oder Schulen, sondern auch für Privatgärten, Terrassen oder Balkone.

Insektenfotografie

Eine Spiegelreflexkamera ist zum Fotografieren von Hautflüglern gut geeignet

Zum Fotografieren von Hautflüglern empfiehlt sich eine »sehende« Kamera, eine einäugige Spiegelreflexkamera, die uns im Sucher über den Bildaufbau, die Bildbegrenzung und die Schärfeverteilung genau informiert.

Die Insekten, die wir fotografieren möchten, sind oft nur wenige Millimeter groß, sodass wir ein Makroobjektiv (Brennweite hundert Millimeter), gegebenenfalls auch Zwischenringe oder ein Balgengerät (ausziehbare Verbindung zwischen Objektiv und Gehäuse) benötigen, um die Tiere in zufriedenstellender Größe abzubilden.

Die meisten Hautflügler sind aber nicht nur sehr klein, sondern auch ausgesprochen flink, sodass sie uns im Handumdrehen aus dem Bildwinkel gelaufen oder davongeflogen sind. Man muss also ziemlich schnell reagieren und im richtigen Moment auf den Auslöser drücken.

Damit schnelle Bewegungen »eingefroren« werden und das Bild die nötige Tiefenschärfe erhält, braucht es aber noch zwei ganz wichtige technische Voraussetzungen: eine kleine Blende und eine kurze Verschlusszeit.

Beides lässt sich bei der Insektenfotografie eigentlich nur durch die Zuhilfenahme eines Blitzgerätes erreichen. Dabei gibt es teure Blitzgeräte, bei denen die Blendenfunktion und die Belichtung automatisch geregelt werden. Sie vereinfachen zwar das Fotografieren, führen aber nicht unbedingt zu befriedigenden Ergebnissen. Ringblitze, als kreisrunde Lichtquellen um die Linse, sorgen für eine gute Detailwiedergabe des Motivs. Das Bild wird hierbei jedoch sehr gleichmäßig und damit auch ziemlich monoton ausgeleuchtet. Wer sich ernsthaft mit dem Fotografieren von Hautflüglern befassen möchte, sollte es vielleicht zunächst einmal mit zwei einfachen kleinen Batterieblitzen versuchen, die auf einer Metallschiene rechts und links neben der Linse angebracht sind. Die Blitze kann man auf der Metallschiene hin und her schieben und sie sitzen zudem auf einem beweglichen Kugelgelenk. So kann beispielsweise der eine Blitz den Hintergrund ausleuchten, während der andere direkt auf das Insekt gerichtet ist. Die richtige Blende hat man schnell nach einigen Probeaufnahmen ermittelt. Diese Ausrüstung ist zum einen relativ preiswert und zum anderen nicht allzu schwer. Mit einiger Übung kann man damit sogar gute Freihand-Aufnahmen machen und auf ein Stativ verzichten.

Geringe Größe und schnelle Bewegung sind Herausforderungen bei der Insektenfotografie

Zwei Batterieblitze auf einer Metallschiene ermöglichen eine gute Bildqualität

Liebe Leserin, lieber Leser ...

... wir sind gespannt, wie Ihr eigenes Insektenhotel aussieht. Schicken Sie uns doch einfach ein Foto Ihres Insektenhotels, Hummelnistkastens oder Marienkäferquartiers! Als Dankeschön für die Zusendung eines Fotos erhalten Sie ein Buch aus unserem Programm (bitte gewünschten Titel angeben).

Wir freuen uns über Ihre Anregungen, Ideen und Kritik!

Unsere Adresse:
pala-verlag, Rheinstraße 35, 64283 Darmstadt
www.pala-verlag.de
E-Mail: info@pala-verlag.de

Der Autor

Wolf Richard Günzel ist Autor und Naturfotograf. Seit 1982 veröffentlicht er Reiseberichte und Artikel aus dem Ökologiebereich mit eigenen Naturfotografien in »Rheinischer Merkur«, »FAZ«, »Der Spiegel«, »Kosmos«, »Das Tier«, »Wild und Hund«, »Mein schöner Garten«, »AquaGeo« oder »Gartenteich-Magazin«.

Aus seiner Feder stammen bereits mehrere Bücher, neben belletristischen Werken auch Sachbücher aus dem Umwelt- und Naturbereich.

Gemeinsam mit seiner Frau zog Wolf Richard Günzel im Jahre 2003 vom Rheinland in die Oberlausitz. Dort erwarben die beiden ein beinahe 200 Jahre altes Bauernhaus, das sie eigenhändig wieder herrichteten.

Im pala-verlag sind von Wolf Richard Günzel außer diesem Buch die Titel »Lebensräume schaffen« (2006), »Der igelfreundliche Garten« (2008), »Das Wildbienenhotel« (2008), »Lebensraum Gartenteich« (2009) und »Der hummelfreundliche Garten« (2010) erschienen.

Literatur

Einige Titel sind im Buchhandel derzeit nicht erhältlich, fragen Sie einfach in Bibliotheken danach.

- Bailey, R. G. u. a.: **Die Tiere unserer Welt. Insekten und andere Wirbellose;** Bertelsmann Verlag

- Bellmann, H.: **Bienen, Wespen, Ameisen. Hautflügler Mitteleuropas;** Kosmos Verlag

- Bellmann, H. u. a.: **Die Tiere unserer Heimat;** ADAC

- Berling, R.: **Nützlinge und Schädlinge im Garten;** BLV Buchverlag

- Burnie, D., Herausgeber: **Tiere. Die große Bild-Enzyklopädie;** Dorling Kindersley Verlag

- Cheers, G., Herausgeber: **Botanica. Bäume & Sträucher;** Könemann Verlag

- Cheers, G., Herausgeber: **Botanica. Einjährige & mehrjährige Pflanzen;** Könemann Verlag

- Chinery, M.: **Naturschutz beginnt im Garten;** Ravensburger Buchverlag

- Chinery, M.: **Pareys Buch der Insekten;** Kosmos Verlag

- Colditz, G.: **Nützlinge und Schädlinge. Tiere als Helfer im Ökosystem Garten;** Naturbuch Verlag

- Erckenbrecht, Irmela: **Die Kräuterspirale. Bauanleitung, Kräuterportraits, Rezepte;** pala-verlag

- Erckenbrecht, Irmela: **Wie baue ich eine Kräuterspirale? Leitfaden für die Gartenpraxis;** pala-verlag

- Finkenzeller, X. u. a.: **Die Pflanzen unserer Heimat;** ADAC

- Godet, J.-D.: **Einheimische Bäume und Sträucher;** Verlag Thalacker Medien

- Godet, J.-D.: **Wiesenpflanzen. Blumen der Fett- und Trockenwiesen, Äcker und Weinberge;** Verlag Thalacker Medien

- Günther, K. / Hannemann, H.-J. / Hieke, F. / Königsmann, E. / Schumann, H.: **Urania Tierreich. Insekten;** Urania Verlag

- Günzel, W. R.: **Lebensräume schaffen. Wildtiere in Haus und Garten;** pala-verlag

- Hennig, W.: **Taschenbuch der speziellen Zoologie. Wirbellose, Bd. I u. II;** Gustav Fischer Verlag

- Hintermeier, H. u. M.: **Bienen, Hummeln, Wespen im Garten und in der Landschaft;** Obst- und Gartenbauverlag

- Jacobi, K.: **Balkon und Terrasse;** BLV Buchverlag

- Kreuter, M.-L.: **Der Biogarten;** BLV Buchverlag

- Line, L. / Milne, L. und M.: **Die Wunderwelt der Insekten;** Ringier Verlag

- Mauss, V. / Schindler, M.: **Heimische Bienen und Wespen. Ein Leitfaden für regionale Artenschutzprojekte;** Galunder

- Nuridsany, C. / Perennou, M.: **Mikrokosmos. Das Volk in den Gräsern;** Scherz Verlag

- Oberholzer, A. / Lässer, L.: **Ein Garten für Tiere. Erlebnisraum Naturgarten;** Verlag Eugen Ulmer

- Polesny / Höbaus, Erhard / Blümel: **Schädlinge und Nützlinge;** Verlag Ludwig Stocker

- Schreiber, R. L.: **Tiere auf Wohnungssuche;** pro natur Verlag

- Sedlag, U.: **Insekten Mitteleuropas;** Neumann Verlag

- von Hagen, E. / Aichhorn, A.: **Hummeln bestimmen, ansiedeln, vermehren, schützen;** Fauna Verlag

- Westrich, P.: **Die Wildbienen Baden-Württembergs;** Verlag Eugen Ulmer

- Witt, R.: **Naturoase Wildgarten. Überlebensraum für unsere Pflanzen und Tiere;** BLV Buchverlag

- Witt, R.: **Wildpflanzen für jeden Garten;** BLV Buchverlag

- Zahradnik, J.: **Der Kosmos-Insektenführer;** Kosmos Verlag

Adressen

Umwelt- und Naturschutzverbände

Naturschutzbund Deutschland (NABU) e. V.
Charitéstraße 3
10117 Berlin
Tel: 030 / 2849840
www.nabu.de

Bund für Umwelt und Naturschutz Deutschland (BUND)
Am Köllnischen Park 1
10179 Berlin
Tel: 030 / 2758640
www.bund.net

Naturschutzbund Österreich
Museumsplatz 2
5020 Salzburg
Tel: 0662 / 642909
www.naturschutzbund.at

naturschutznetz.ch
c/o Verein Naturnetz
Chlosterstrasse
8108 Kloster Fahr / Schweiz

Bioterra
Schweizerische Gesellschaft
für biologischen Landbau
Dubsstraße 33
8003 Zürich
Tel: 044 / 4544848
www.bioterra.ch

Naturgarten e. V.
Bundesgeschäftsstelle
Kernerstraße 64
74076 Heilbronn
Tel: 07131 / 6499996
www.naturgarten.org

Internetadressen

www.wildbienen.de
umfangreiche Informationen zu
Solitärbienen und Nisthilfen;
Literatur- und Linklisten

www.wildbienen.info
umfangreiche Informationen zu
Wildbienen

www.hymennoptera.de
ausführliche Informationen zu
Hummeln und Hornissen; gut
strukturierte Antwortliste zu
häufigen Fragen

www.aktion-hummelschutz.de
ausführliche Informationen zu
Hummeln; Lehrmittel für Lehrer
und Schüler

www.hornissenschutz.de
umfangreiche Informationen
zu Hornissen

www.bluehende-landschaft.de
Netzwerk Blühende Landschaft
Informationen über
Bienentrachtpflanzen,
Tipps für Hausgärten

**www.nabu-oldenburg.de/infos/
index.php**
Naturschutzbund Deutschland

**www.nabu.de/m05/m05_06/
00959.html**
Nisthilfen für Insekten

www.umweltbildung.de
Arbeitsgemeinschaft Natur- und
Umweltbildung Bundesverband e. V.;
Umweltzentrendatenbank

Bezugsquellen

Nisthilfen

**Schwegler Vogel- und
Naturschutzprodukte GmbH**
Heinkelstraße 35
73614 Schorndorf
Tel: 07181 / 977450
www.schwegler-natur.de

Naturschutzbedarf Strobel
Fachhandel und -beratung Fa. Pröhl
Nitzschkaer Straße 29
04626 Schmölln OT Kummer
Tel: 034491 / 81877
www.naturschutzbedarf-strobel.de

Keller GmbH & Co. KG
Konradstraße 17
79100 Freiburg
Tel: 0761 / 706313
www.biokeller.de

Hasselfeldt Artenschutzprodukte
Hauptstraße 86a
24869 Dörpstedt / Bünge
Tel: 04627 / 184961
www.hasselfeldt-naturschutz.de

Wildtierfreund
Nette 68
41751 Viersen
Tel: 02162 / 450625
www.wildtierfreund.de

wildbiene.com
Heimersfeld 77
46244 Kirchhellen
Tel: 02045 / 84422
www.wildbiene.com

bienenhotel.de
Drosselweg 9
18057 Rostock
Tel: 03834 / 813095
www.bienenhotel.de

biosem
Le Burkli 83
2019 Chambrelien NE
Schweiz
Tel: 032 / 8551486
www.biosem.ch

Andermatt Biogarten AG
Stahlermatten 6
6146 Grossdietwil
Schweiz
Tel: 062 / 9175000
www.biogarten.ch

Versandgärtnereien und Naturschutz

Syringa
Duftpflanzen und Kräuter
Bachstraße 7
78247 Hilzingen-Binningen
Tel: 07739 / 1452
www.syringa-samen.de

Hof Berg-Garten
Großherrischwand
Lindenweg 17
79737 Herrischried
Tel: 07764 / 239
www.hof-berggarten.de

Bioland Hof Jeebel
Biogartenversand
Jeebel 17
29410 Salzwedel OT Jeebel
Tel: 039037 / 781
www.biogartenversand.de

**Kräuter- und
Wildpflanzengärtnerei Strickler**
Lochgasse 1
55232 Alzey
Tel: 06731 / 3831
www.gaertnerei-strickler.de

Bio-Saatgut Gaby Krautkrämer
Eulengasse 2
55288 Armsheim
Tel: 06734 / 915580
www.bio-saatgut.de

Blauetikett Bornträger GmbH
Postfach 4
67591 Offstein
Tel: 06243 / 905326
www.blauetikett.de

Staudengärtnerei Gaissmayer
Jungviehweide 3
89257 Illertissen
Tel: 07303 / 7258
www.gaissmayer.de

Gartenbau Wagner
Gutendorf 36
8353 Kapfenstein
Österreich
Tel: 03157 / 2395
www.gartenbauwagner.at

Sativa Rheinau AG
Klosterplatz
8462 Rheinau
Schweiz
Tel: 052 / 3049160
www.sativa-rheinau.ch

Baustoffe

Dachverband Lehm e. V.
Postfach 1172
99409 Weimar
Tel: 03643 / 778349
www.dachverband-lehm.de

Lebensraum Garten

Wolf Richard Günzel:
Lebensräume schaffen
ISBN: 978-3-89566-225-6

Wolf Richard Günzel:
Der igelfreundliche Garten
ISBN: 978-3-89566-250-8

Wolf Richard Günzel:
Lebensraum Gartenteich
ISBN: 978-3-89566-262-1

Wolf Richard Günzel:
Der hummelfreundliche Garten
ISBN: 978-3-89566-276-8

Andere Bücher aus dem pala-verlag

Ulrike Aufderheide:
**Rasen und Wiesen
im naturnahen Garten**
ISBN: 978-3-89566-274-4

Werner David:
Lebensraum Totholz
ISBN: 978-3-89566-270-6

Werner David:
**Von Fallenstellern und
Liebesschwindlern**
ISBN: 978-3-89566-267-6

Brigitte Kleinod:
Das Hochbeet
ISBN: 978-3-89566-261-4

Vegetarisch, vollwertig, gesund

Angelika Eckstein:
Vegan backen
ISBN: 978-3-89566-239-3

Irmela Erckenbrecht:
Rosmarin und Pimpinelle
ISBN: 978-3-89566-256-0

Lena Brorsson Alminger:
Schwedisch backen
ISBN: 978-3-89566-269-0

Heike Kügler-Anger:
Cucina vegana
ISBN: 978-3-89566-247-8

Gesamtverzeichnis: pala-verlag, Rheinstraße 35, 64283 Darmstadt
www.pala-verlag.de, E-Mail: info@pala-verlag.de

ISBN: 978-3-89566-234-8
© 2007: pala-verlag,
Rheinstr. 35, 64283 Darmstadt
www.pala-verlag.de
7. Auflage 2011

Illustrationen und Umschlaggestaltung: Margret Schneevoigt

Lektorat: Angelika Eckstein

Druck: fgb • freiburger graphische betriebe
www.fgb.de
Printed in Germany

Dieses Buch ist auf Papier aus 100 % Recyclingmaterial
gedruckt und klimaneutral produziert.